高职高专建筑工程技术专业系列教材

建 筑 力 学

主编 黄 梅 袁旭东

中国建材工业出版社

图书在版编目(CIP)数据

建筑力学/黄梅,袁旭东主编. —北京:中国建
材工业出版社,2010.8(2014.8重印)
(高职高专建筑工程技术专业系列教材)
ISBN 978-7-80227-807-3

Ⅰ.①建… Ⅱ.①黄… ②袁… Ⅲ.①建筑力学-高
等学校:技术学校-教材 Ⅳ.①TU311

中国版本图书馆 CIP 数据核字(2010)第 126521 号

内 容 简 介

本书共分为七章,分别为建筑力学基础、平面力系的合成和平衡、静定结构的
内力计算与内力图绘制、杆件的应力与强度计算、杆件的变形与刚度计算、超静定
结构的内力计算与内力图绘制、压杆稳定。其中第 1 章～第 2 章主要研究物体受力
的分析方法和物体在力作用下的平衡问题;第 3 章～第 6 章主要研究杆件结构的反
力、内力、内力图的绘制以及强度和刚度问题;第 7 章主要研究构件的稳定性计算
问题。

本书在内容和章节安排上严格按照理论学习与实践的先后顺序,层次清晰,由
浅入深。内容按照学时要求尽量精练,在文字的叙述上做到通俗易懂。考虑到高职
教学需求,本教材在内容的叙述上结合必要的图形和表格进行讲解,易于读者理解
与自学。

本书不仅可作为高等职业院校建筑工程技术专业及其他相关专业的教材,也可
作为建筑工程技术人员的自学参考书。

建筑力学
主编 黄 梅 袁旭东

出版发行:中国建材工业出版社
地   址:北京市西城区车公庄大街 6 号
邮   编:100044
经   销:全国各地新华书店
印   刷:北京雁林吉兆印刷有限公司
开   本:787mm×1092mm   1/16
印   张:12
字   数:301 千字
版   次:2010 年 8 月第 1 版
印   次:2014 年 8 月第 2 次
书   号:ISBN 978-7-80227-807-3
定   价:**33.60 元**

本社网址:www. jccbs. com. cn   微信公众号:zgjcgycbs
本书如出现印装质量问题,由我社发行部负责调换。联系电话:(010)88386906

序　言

2009 年 1 月，温家宝总理在常州科教城高职教育园区视察时深情地说："国家非常重视职业教育，我们也许对职业教育偏心，去年（2008 年）当把全国助学金从 18 亿增加到 200 亿的时候，把相当大的部分都给了职业教育。职业学校孩子的助学金比例，或者说是覆盖面达到 90%以上，全国平均 1500 元到 1600 元，这就是国家的态度！国家把职业学校、职业教育放在了一个重要位置，要大力发展。在当前应对金融危机的情况下，其实我们面临两个最重要的问题，这两个问题又互相关联，一个问题就是如何保持经济平稳较快发展而不发生大的波动，第二就是如何保证群众的就业而不致造成大批的失业，解决这两个问题的根本是靠发展，因此我们采取了一系列扩大内需，促进经济发展的措施。但是，我们还要解决就业问题，这就需要在全国范围内开展大规模培训，培养适用人才，提高他们的技能，适应当前国际激烈的产业竞争和企业竞争，在这个方面，职业院校就承担着重要任务。"

大力发展高等职业教育，培养一大批具有必备专业理论知识和较强的实践能力，适应生产、建设、管理、服务岗位等第一线需要的高等职业应用型专门人才，是实施科教兴国战略的重大决策。高等职业教育院校的专业设置、教学内容体系、课程设置和教学计划安排均应突出社会职业岗位的需要、实践能力的培养和应用型的教学特色。其中，教材建设是基础和关键。

《高职高专建筑工程技术专业系列教材》是根据最新颁布的国家和行业标准、规范，按照高等职业教育人才培养目标及教材建设的总体要求、课程的教学要求和大纲，由中国建材工业出版社组织全国部分有多年高等职业教育教学体会与工程实践经验的教师编写而成。

本套教材是按照三年制（总学时 1600～1800）、兼顾二年制（总学时 1100～1200）的高职高专教学计划和经反复修订的各门课程大纲编写的。共计 11 个分册，主要包括：《建筑材料与检测》、《建筑识图与构造》、《建筑力学》、《建筑结构》、《地基与基础》、《建筑施工技术》、《建筑工程测量》、《建筑施工组织》、《高层建筑施工》、《建筑工程计量与计价》、《工程项目招投标与合同管理》。基础理论课程以应用为目的，以必需、够用为尺度，以讲清概念、强化应用为重点；专业课程以最新颁布的国家和行业标准、规范为依据。反映国内外先进的工程技术和教学经验，加强实用性、针对性和可操作性，注意形象教学、实验教学和现代教学手段的应用，加强典型工程实例分析。

本套教材适用范围广泛，努力做到一书多用。既可作为高职高专教材，又可作为电大、职大、业大和函大的教学用书，同时，也便于自学。本套教材在内容安排和体系上，各教材之间既是有机联系和相互关联的，又具有独立性和完整性。因此，各地区、各院校可根据自身的教学特点择优选用。

本套教材的参编教师均为教学和工程实践经验丰富的双师型教师。为了突出高职高专教育特色，本套教材在编写体例上增加了"上岗工作要点"，引导师生关注岗位工作要求，架起了"学习"和"工作"的桥梁。使得学生在学习期间就能关注工作岗位的能力要求，从而使学生的学习目标更加明确。

　　我们相信，由中国建材工业出版社出版发行的这套《高职高专建筑工程技术专业系列教材》一定能成为受欢迎的、有特色的、高质量的系列教材。

赵宝江

2009 年 7 月

前　　言

　　《建筑力学》是高职高专建筑工程技术专业一门很重要的主干课程。本书系统地介绍了物体受力的分析方法和物体在力作用下的平衡问题，杆件结构的反力、内力、内力图的绘制以及强度和刚度问题，构件的稳定性计算问题，旨在培养学生对建筑力学的基本理论和基本知识的学习理解能力，提高学生自主学习的能力。

　　本书在编写过程中，注意教学和实际应用的紧密结合，遵循教师教学以及学生学习的规律。在图样选用、文字处理上注重突出重点、言简意赅、直观通俗，既体现了很强的专业性，又注意在内容的编排上循序渐进、深入浅出。本教材图文并茂，易于学生自学。

　　本书由黄梅、袁旭东担任主编，杨桂芳担任副主编。具体的编写分工如下：黄梅编写第1章，杨桂芳编写第2章，王志力、袁旭东编写第3章，刘妍妍编写第4章，吕杨编写第5章，赵越编写第6章，张彤编写第7章。本书在编写过程中，得到了建筑设计人员和施工技术方面的专家的大力支持和帮助，在此一并致谢。

　　由于编者水平和经验有限，教材中难免存在疏漏，敬请广大读者提出批评和改进意见。

编　者
2010 年 6 月

中国建材工业出版社
China Building Materials Press

我们提供 ▌▍▎

图书出版、图书广告宣传、企业/个人定向出版、设计业务、企业内刊等外包、代选代购图书、团体用书、会议、培训，其他深度合作等优质高效服务。

编辑部 ▌	图书广告 ▌	出版咨询 ▌▍	图书销售 ▌	设计业务 ▌▍
010-68342167	010-68361706	010-68343948	010-68001605	010-68343948

邮箱：jccbs-zbs@163.com　　　网址：www.jccbs.com.cn

发展出版传媒　服务经济建设

传播科技进步　满足社会需求

目　　录

第1章 建筑力学基础

重 点 提 示

1. 了解建筑力学的研究任务和内容。
2. 理解静力学中的基本概念。
3. 掌握荷载的分类以及实际工程中荷载的简化。
4. 掌握工程计算简图的原则及正确画法。
5. 掌握一般的平面杆件体系的几何组成分析。

在我们日常生产和生活中，经常要建造多种多样的建筑物和构筑物。它们既要满足人们基本使用功能的需要，例如：住房、办公、储备等；又要保证结构构件的安全、正常工作以及经济上的要求。所以，在建造建筑物和构筑物时，有关力学的分析与计算就显得尤为重要。建筑力学这门课程恰好就是为了解决建筑物和构筑物在设计过程中所遇到的一系列有关力学分析和计算问题，而专门设置的一门学科。

1.1 建筑力学的任务和内容

1.1.1 建筑力学的任务

在建筑工程中，由建筑材料按照合理的方式所组成的，并能承受荷载作用的物体或体系称为工程结构（简称结构）。结构在建筑物中起着承受和传递荷载的骨架作用，例如单层工业厂房的基础、柱、屋架（梁）通过相互联结而构成厂房的骨架，如图1-1所示。还有如公路与铁路工程中的桥梁以及挡土墙、水坝，民用建筑中的框架等，都是结构的实际例子。结构一般是由多个构件联结而成，如桁架、框架等。最简单的结构则是单个构件，如单跨梁、独立柱等。

按照几何观点，结构可以分为三种类型：杆件结构、薄壁结构和实体结构。由若干杆件组成的结构称为杆件结构，其几何特征为长度远大于截面的宽度和高度，如图1-1所示。薄壁结构是指其厚度远小于其他两个尺度的结构。平面板状的薄壁结构称为薄板；由若干块薄板可组成各种薄壁结构，如图1-2（a）中所示的墙面和图1-2（b）中的屋面。具有曲面外形的薄壁结构称为薄壳，如图1-2（c）中的屋面。实体结构是指它的三个方向的尺度大约为同一量级的结构，例如挡土墙、块式基础，如图1-3所示。

如上所述，我们可以知道，建筑力学这门课程的主要研究对象，就是杆件和杆系结构。

在荷载作用下，承受荷载和传递荷载的建筑结构和构件会引起周围物体对它们的反作用。同时，构件本身因受荷载作用而产生变形，而且可能发生破坏。由于结构本身具有一定的抵抗变形和破坏的能力，即具有一定的承载能力，而构件的承载能力的大小是与构件的材料性质、截面的几何尺寸和形状、受力性质、工作条件和构造情况等有关。在结构设计中，

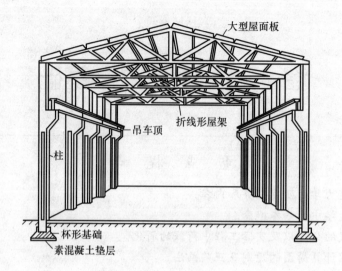

图 1-1 厂房骨架

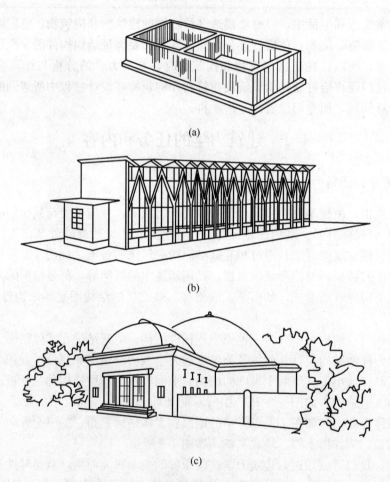

图 1-2 薄壁结构

在其他条件不变时，如果构件的截面设计得过小，当构件所受的荷载大于构件的承载能力时，则结构将不安全，会因变形过大而影响正常工作，或因强度不够而受破坏。当构件的承载能力大于构件所受的荷载时，会剩余材料，造成浪费。因此，建筑力学的主要任务就是讨

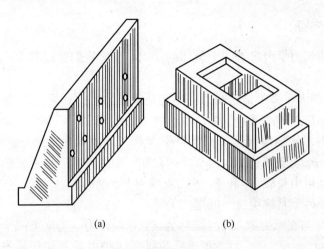

图 1-3 实体结构示意

(a) 挡土墙；(b) 块式基础

论和研究建筑结构及构件在荷载或其他因素（支座移动、温度变化）作用下的工作情况，可以总结为以下几个方面的内容：

1) 力系的简化和力系的平衡问题。

研究和分析此问题时，我们通常将所研究的对象视为刚体。刚体是指在任何外力作用下，其形状都不会改变的物体，即物体内任意两点间的距离都不会改变的物体。但实际上刚体是不存在的，任何物体在受到力的作用时，都将发生不同程度的变形（这种物体称为变形体），如房屋结构中的梁和柱，在受力后将产生弯曲和压缩变形。但在大多数情况下物体的变形对于研究平衡问题的影响比较小，故变形可忽略不计。这样，将会简化对力系平衡条件问题的研究。

2) 强度问题。

构件在荷载作用下会发生破坏。例如，当吊车起吊重物时，吊车梁可能弯曲断裂。因此，在设计任何构件时，必须首先保证它在荷载作用下不会发生破坏，也就是要求构件必须有足够的强度。

3) 刚度问题。

在荷载作用下，构件虽然有足够的强度不致发生破坏，但如果产生的变形过大，同样会影响它的正常使用。例如，吊车梁的变形如果超过一定的限度，吊车就不能在它上面正常地行驶。因此，设计时还要保证构件的变形值不超过它正常工作所容许的范围，也就是要求构件要有足够的刚度。

4) 稳定问题。

对于比较细长的中心受压杆，例如细长的中心受压柱子，当压力超过某一定值时，它们会突然地改变原来的形状，改变它原来受压的工作性质，这种现象叫做丧失稳定。因此，设计时还必须保证构件不会丧失稳定，也就是要求构件要有足够的稳定性。

5) 研究几何组成规则，保证结构各部分不致发生相对运动。

由上可见，要处理好构件所受的荷载与构件本身的承载能力之间的这个基本矛盾，就必须保证设计的构件有足够的强度、刚度和稳定性。建筑力学就是研究各种类型构件（或构件系统）的强度、刚度、稳定性等问题的学科。

1.1.2 建筑力学的内容

为了使读者对建筑力学内容有一个整体的认识，下面我们就以图 1-4 所示的梁为例作一个简单介绍。

1）确定梁所受的力，哪些是已知力，哪些是未知力，并计算这些力的大小。梁 AB 搁在砖墙上，受到已知荷载 P_1、P_2 作用，在这两个力的作用下，梁 AB 有向下坠落的趋势，但由于墙的支承作用才使梁没有落下而维持平衡状态。在梁的支承处，墙对梁产生支承力 R_A、R_B。荷载 P_1、P_2 与支承力 R_A、R_B 之间存在一定的关系，这种关系称为平衡条件。若知道了平衡条件，便可由荷载 P_1 和 P_2 求出支承力 R_A 和 R_B。

研究力的平衡条件就是解决这一问题的关键。

2）荷载 P_1、P_2 与支承力 R_A、R_B 统称为梁 AB 的外力。当梁上的全部外力求出后，便

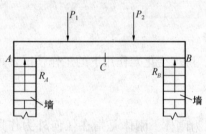

图 1-4 梁弯曲示意

可进一步研究这些力是怎样使梁发生变形或破坏的。如图 1-4 中的 AB 梁，在 P_1、P_2、R_A、R_B 作用下会产生弯曲，同时梁的内部有一种内力产生，内力过大就会造成梁的破坏。如果在梁的跨中截面 C 首先开裂继而断裂，这说明 C 截面处有引起破坏的最大内力存在，是梁的危险截面。

研究外力与内力的关系就是解决这一问题的关键，它是分析承载能力的依据。

3）通过上述问题的研究可以找出梁的破坏因素。为了使梁不发生破坏，就需要进一步研究引起梁破坏的因素和梁抵抗破坏的能力之间的关系，从而合理地选择梁的材料和截面尺寸，使梁既具有足够的承载能力，而又使材料用量最少。

各种不同的受力方式会产生不同的内力，相应就有不同承载能力的计算方法，这些方法的研究构成了建筑力学的内容。

总的来说，在本书中，我们主要学习有关建筑力学的以下几个方面：

①物体受力的分析方法和物体在力作用下的平衡问题。

②构件的强度、刚度和稳定性计算问题。

③杆件结构的几何组成规律和杆件结构的反力、内力和位移的计算方法。

建筑力学作为研究建筑结构的力学计算理论和方法的一门科学，是建筑结构、建筑施工技术、地基与基础等课程的基础，它将为读者打开进入结构设计和解决施工现场许多受力问题的大门。作为一名优秀的结构设计人员必须牢牢掌握建筑力学知识，才能正确地对结构进行受力分析和力学计算，保证所设计的结构既安全可靠又经济合理。

作为施工技术及施工管理人员，也要掌握建筑力学知识，知道结构和构件的受力情况，什么位置是危险截面，各种力的传递途径以及结构和构件在这些力的作用下会发生怎样的破坏等。只有这样才能很好地理解设计图纸的意图及要求，科学地组织施工，制定出合理的、安全的质量保证措施。在施工过程中，要将设计图纸变成实际建筑物，往往要搭设一些临时设施和机具，确定施工方案、施工方法和施工技术组织措施。如对一些重要的梁板结构施工时，为了保证梁板的形状、尺寸和位置的正确性，对安装的模板及其支架系统必须要进行设计或验算；进行深基坑（槽）开挖时，如采用土壁支撑的施工方法防止土壁塌落，对支撑特别是大型支撑和特殊的支持必须进行设计和计算，这些工作都要由施工技术人员来完成。因

此，只有懂得建筑力学的知识才能很好地完成设计任务，避免发生质量和安全事故，确保建筑施工正常进行。

1.2　刚体、变形固体及其基本假设

1.2.1　刚体

任何物体受到力的作用后，总会产生一些变形。但在通常情况下，绝大多数构件或零件的变形都是很微小的。研究证明，在很多情况下，这种微小的变形对物体的外效应影响甚微，可以忽略不计，也就是说可以认为物体在力作用下大小和形状保持不变。我们把这种在力作用下不产生变形的物体称为刚体，刚体是对实际物体经过科学的抽象和简化而得到的一种理想模型。而当变形在所研究的问题中成为主要因素时（如在材料力学中研究变形杆件），通常就不能再把物体看作是刚体了。

1.2.2　变形固体及其基本假设

1. 变形固体的概念

工程中的构件均由固体材料（比如钢、混凝土）制成。这些固体材料在外力作用下会发生变形，称为变形固体。如果变形在外力卸去后消失，则称这种变形为弹性变形；不能消失的变形称为塑性变形。弹性变形和塑性变形是变形固体的两大宏观属性。在材料力学中，通常把构件简化为发生弹性变形的变形固体，即弹性变形体。

构件所用材料虽然在物理性质方面是多种多样的，但是它们的共同特点是在外力作用下均会发生变形。为了解决构件的强度、刚度、稳定性问题，需要研究构件在外力作用下的内效应——内力、应力、应变等。应力、应变都与构件材料的变形有关。因此，在研究构件的强度、刚度、稳定性问题时，不能再将物体看作刚体，而应将组成构件的固体材料看作弹性变形体。

2. 弹性变形体的基本假设

材料力学是以变形固体的宏观力学性质为基础，并不涉及其微观结构，所以，在进行理论分析时，为了使问题得到简化，可以取弹性变形体作为材料力学中研究对象的理想化模型，但需要作出以下三个基本假设。

（1）连续性假设

连续性假设认为组成固体的物质是连续、毫无空隙地充满了固体的体积。根据这个假设，物体内的一些物理量才能用连续的函数表示其变化规律，对这些量就可以进行坐标增量为无限小的极限分析，从而有利于建立相应的数学模型。实际上，可变形固体内部存在气孔、杂质等缺陷，但其与构件尺寸相比极其微小，可忽略不计，所以我们的假设就是可以成立的。

（2）均匀性假设

均匀性假设认为物体内部各部分的材料性质都是完全相同的。根据这个假设，从构件内部任何部位切取的微小单元体都与构件具有相同的性质。因此，从任意一点处取出的体积单元，其力学性能都能代表整个物体的力学性能。这样，在研究构件时，可取构件内任意的微小部分作为研究对象。

（3）各向同性假设

各向同性假设认为在固体的任意一点的各个方向都具有相同的材料性质，即物体的力学性能不随方向的改变而改变。对于各向同性的材料（如钢材、铸铁、玻璃、混凝土等），从不同方向作理论分析时，都得到相同的结论。但有些材料（木材、复合材料等）沿不同的方向表现的力学性能是不同的，称为各向异性材料。我们研究的主要是各向同性的材料。

综上所述，当对构件进行强度、刚度、稳定性等力学方面的研究时，一般在弹性变形范围内将材料看作均匀、连续、各向同性的弹性变形体。实践证明，在此基础上建立起来的分析理论和分析计算结果是能够满足工程设计需要的。

1.3　杆件变形的基本形式

在外荷载作用下，实际杆件的变形是很复杂的，但这些复杂的变形总可以分解为以下四种基本变形的形式。

1. 轴向拉伸或轴向压缩

当一对外力沿杆件轴线作用时，使杆件发生沿其轴线方向伸长或者缩短的变形，称为轴向拉伸或轴向压缩，简称拉伸或压缩，如图 1-5 所示。桁架结构中的杆件的变形形式就是拉伸或压缩。

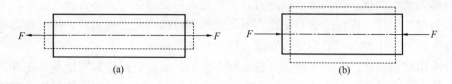

图 1-5　轴向拉伸、轴向压缩
(a) 轴向拉伸；(b) 轴向压缩

2. 剪切

在相距很近的两个平行于杆横截面的平面内，分别作用大小相等、方向相对（相反）的两个力，构件在这两个平行面间的任一（平行）横截面将产生错动变形，如图 1-6 所示。这种变形形式称为剪切。工程结构中，受有横向力作用的构件都会发生剪切变形。

3. 扭转

在一对转向相反、作用面垂直于直杆轴线的外力偶（其外力偶矩为 M_e）作用下，直杆相邻的横截面将发生绕轴线（轴线保持原来的直线形状）相对转动的变形，这种变形形式称为扭转，如图 1-7 所示。

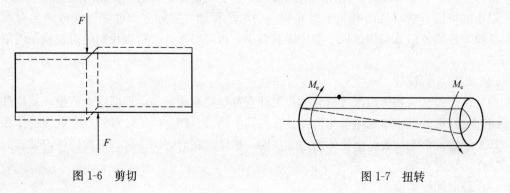

图 1-6　剪切　　　　　　　　　　　　　　　图 1-7　扭转

4. 弯曲

在一对转向相反、作用面在杆件的纵向平面（包含杆件轴线在内的平面）内的外力偶（其外力偶矩为 M_e）作用下，直杆的相邻横截面将绕垂直于杆件轴线的轴发生相对转动，变形后的杆轴线将弯成曲线。这种变形形式称为弯曲，如图 1-8 所示。

工程中常用构件在荷载作用下的变形，大多为上述四种基本变形形式的组合，单纯一种基本变形形式的构件较为少见。但若以某一种基本变形形式为主，其他属于次要变形的，则可按这一种基本变形形式计算。若几种变形形式都属于非次要变形，则属于组合变形问题。

组合变形是指由上述四种基本变形形式中的两种或两种以上所共同形成的变形形式，如图 1-9 中所示杆件的变形，即为拉伸与弯曲的组合（其中力偶 M_e 作用在纸平面内），由此而形成的变形即为拉伸与弯曲的组合变形。

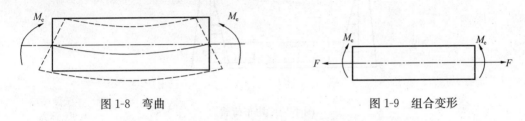

图 1-8　弯曲　　　　　　　　　　　图 1-9　组合变形

1.4　荷载分类及其简化

1.4.1　荷载分类

在工程实际中，结构受到的荷载是多种多样的，为了便于分析，我们将从不同角度，对荷载进行分类。

1. 荷载按其作用在结构上的时间长短分为恒载、活载和偶然荷载。

（1）恒载

恒载是指作用在结构上的不变荷载，即在结构建成以后，其大小和位置都不再发生变化的荷载。例如，构件的自重和土压力等，构件的自重可根据构件尺寸和材料的密度进行计算。

（2）活载

活载是指在施工期间和建成后使用期间可能作用在结构上的可变荷载。所谓可变荷载，就是这种荷载有时存在、有时不存在，它们的作用位置及范围可能是固定的（如风荷载、雪荷载、会议室的人群重力等），也可能是移动的（如吊车荷载、桥梁上行驶的车辆、会议室的人群等）。不同类型的房屋建筑，因其使用情况不同，活荷载的大小就不相同。各种常用的活荷载，都有详细规定，并以每平方米面积的荷载来表示。

（3）偶然荷载

如建筑物所受的地震作用、桥墩所受的轮船的撞击荷载、爆炸荷载等。

2. 荷载按其作用在结构上的分布情况分为分布荷载和集中荷载。

（1）分布荷载

分布荷载是指满布在结构某一表面上的荷载，又可分为均布荷载和非均布荷载两种。

如图 1-10（a）所示为梁的自重，荷载连续作用，大小各处相同，这种荷载称为均布荷载。梁的自重是以每米长度的重力来表示，单位是 N/m 或 kN/m，又称为线均布荷载。如

图 1-10（b）所示为板的自重，它也是均布荷载，是以每平方米面积的重力来表示，单位是 N/m² 或 kN/m²，故又称为面均布荷载。如图 1-10（c）所示为一水池，壁板受到水压力的作用，水压力的大小是与水的深度成正比的，这种荷载形成一个三角形的分布规律，即荷载连续作用，但大小各处不相同，称为非均布荷载。

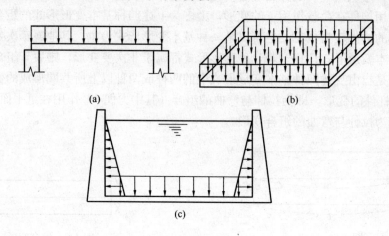

图 1-10　均布荷载

（a）梁的均布荷载（梁自重）；（b）板的均布荷载（板自重）；（c）水池非均布荷载

（2）集中荷载

作用在结构上的荷载一般总是分布在一定的面积上，当分布面积远小于结构尺寸时，则可认为此荷载是作用在结构的一点上，称为集中荷载。如吊车的轮子对吊车梁的压力、屋架传给柱子或砖墙的压力等，都是集中荷载的实例（图 1-11）。集中荷载的单位一般用 N 或 kN 来表示。

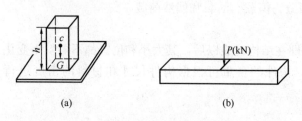

图 1-11　集中荷载

（a）体荷载；（b）集中荷载

（3）体荷载

体荷载指分布在结构整个体积内连续作用的荷载。

3. 荷载按其作用在结构上的性质分为静荷载和动荷载。

（1）静荷载

静荷载是指荷载从零慢慢增加至最后的确定数值后，其大小、位置和方向就不再随时间而变化。如结构的自重、一般的活荷载等。

（2）动荷载

动荷载是指荷载的大小、位置、方向随时间的变化而迅速变化。如动力机械产生的荷载、地震力等。

4. 荷载按其空间位置的不同分为固定荷载和可动荷载。

（1）固定荷载

如结构的自重、结构上的固定设备等。

（2）可动荷载

如房屋里的人员、家具荷载、吊车荷载等。

以上是从不同角度将荷载分为四类，但它们不是孤立无关的，例如，结构的自重，它既是恒载，又是分布荷载，还是静荷载。

1.4.2 实际工程荷载的简化

下面以具体实例来说明实际工程中荷载的简化。

（1）截面为 20cm×50cm 的钢筋混凝土梁，总长为 5m，已知钢筋混凝土的密度 $\rho=$ 2450kg/m³，则梁的重力为：

$$G = \rho g V = 2450 \times 9.8 \times 0.2 \times 0.5 \times 5 = 12005(\mathrm{N})$$

式中　ρ——密度，即构件材料单位体积的质量，kg/m³；

　　　　V——构件的体积，m³；

　　　　g——重力加速度，$g=9.8\mathrm{m/s^2}$。

则梁的线荷载为：

$$q = \frac{12005}{5} = 2401(\mathrm{N/m})$$

（2）6cm 厚的钢筋混凝土楼板，其面荷载为

$$p = \rho g \times 0.06 = 2450 \times 9.8 \times 0.06 = 1440.6(\mathrm{N/m^2})$$

1.5 力的概念和性质

1.5.1 力及力系的概念

1. 力的概念

力是物体间相互的机械作用，这种作用使物体的运动状态发生改变或引起物体变形。力不能离开物体而单独存在，正是由于它的相互性决定了其总是成对出现。

2. 力系的概念

同时作用在一个研究对象上的若干个力，称为一个力系。

若物体在力系作用下处于平衡状态，则这个力系称为平衡力系。

若一个力系作用于物体与另一个力系作用时的作用效果相同，则称这两个力系互为等效力系。

若一个力和一个力系等效，则称这个力为这个力系的合力，而称这个力系中的各个力为这个力的分力。由多个力求合力的过程称为力的合成，由一个力求分力的过程称为力的分解，合成和分解都称为力系的静力等效简化。

若一个力系中的各个力的作用线在空间任意分布，则称为空间力系。

在工程实践中，经常会遇到所有的外力都作用在一个平面内的情况，这样的力系为平面力系。当构件有对称平面，荷载又对称作用时，常把外力简化为作用在此对称平面内的力系。如图 1-12 所示，建筑物中的楼板是放置在梁上的，而梁又搁在柱上（图中未画柱）。对下面的梁来讲，楼板上的面荷载 p（N/m²）可化作线荷载 q（N/m）作用在梁的对称平面内，柱给梁的约束反力也可看成作用在此平面内，故梁上作用的力系为平面力系。平面力系又可按力系中的各力的相互关系分为平面汇交力系、平面平行力系与平面任意力系。当力系中各力汇交于一点时，称平面汇交力系；相互平行时称平面平行力系，图 1-12 中梁上作用的力系属于平面平行力系；如果力系中各力既不全部平行，又不全部交于一点，则为平面任意力系。

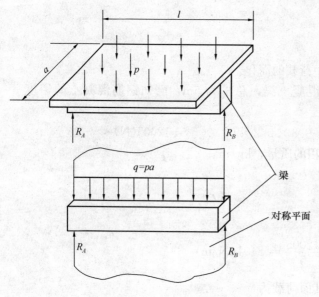

图1-12 建筑物中的楼板

1.5.2 力的性质

1. 力的三要素

力的大小、方向、作用点是力的三要素。力的大小表示物体相互间机械作用的强弱程度；力的方向表示物体间的机械作用具有方向性，如水平向右、铅直向下等；力的作用点表示物体所受机械作用的位置。实际上，两个物体之间相互作用时，其接触的部位总是占有一定的面积，力总是按照各种不同的方式分布于物体接触面的各点上。当接触面面积很小时，则可以将微小面积抽象为一个点，这个点称为力的作用点，该作用力称为集中力；反之，如果接触面积较大而不能忽略时，则力在整个接触面上分布作用，此时的作用力称为分布力。分布力的大小用单位面积上的力的大小来度量，称为荷载集度，用 q（N/m^2）来表示。国际单位制中力的计量单位是"牛顿"，简称为"牛"，用英文字母"N"和"kN"分别表示"牛"和"千牛"。

力的三要素表明力是矢量，记作 F（图1-13），用一段带有箭头的直线（AB）来表示，其中线段（AB）的长度按一定的比例尺表示力的大小；线段的方位和箭头的指向表示力的方向；线段的起点 A 或终点 B（应在受力物体上）表示力的作用点。线段所沿的直线称为力的作用线。

如果力的三要素中的任何一个有改变，则力对物体的作用效果也将随之改变。

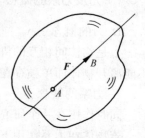

图1-13 力的表示

2. 作用力和反作用力定律

作用力和反作用力定律：两个物体之间的相互作用力，一定是作用在同一条直线上、指向相反、大小相等，并同时分别作用在两个物体上。这两个力互称为作用力和反作用力。

如图1-14（a）所示，重物 A 压在支承物 B 上，因而物体 A 和 B 之间有作用力和反作用力。必须把两个物体分离开，才能画出它们之间的作用力和反作用力，如图1-14（b）所示。R 和 R' 一定共线、反向、等值，并同时分别作用在物体 A 和物体 B 上。

应该注意，作用力和反作用力不是一对平衡力。

3. 力的平行四边形法则

力的平行四边形法则：作用在物体上同一点的两个力的合力，其作用点仍是该点，其方

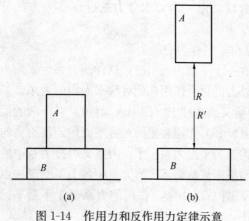

(a)　　　　　　　(b)

图1-14 作用力和反作用力定律示意

向和大小由以这两个力的力矢为邻边所构成的平行四边形的对角线确定。

如图 1-15 所示，作用在 A 点的两个力 F_1 和 F_2，它们的合力就是平行四边形的对角线所确定的 R。这种按平行四边形相加的法则是矢量相加的法则，因此，力的平行四边形法则又可表述为：作用在物体上同一点的两个力的合力，等于这两个力的矢量和，或称几何和。用矢量算式表示为：

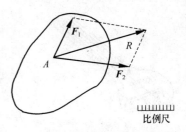

图 1-15　力的平行四边形法则

$$R = F_1 + F_2 \qquad\qquad (1\text{-}1)$$

运用力的平行四边形法则以及力的三角形法则和力的多边形法则解题，是解题的图解法。这时，力的大小必须取定比例尺由力矢的长度表示。

运用平行四边形法则可以把两个共点力合成为一个合力，也可以把一个力分解为两个分力。不过，当进行这种分解时，必须指定两个分力的方位，解答才是唯一的。如图 1-16（a）所示，若已知力 R，则以这两个指定的方位为邻边，以 R 的力矢为对角线作出平行四边形，就得到 R 的两个分力 F_1 和 F_2。又如图 1-16（b）所示，所指定的分力方位与图 1-16（a）不同，则同样运用平行四边形法则，就得到按这两个方位分解的分力 F'_1 和 F'_2。

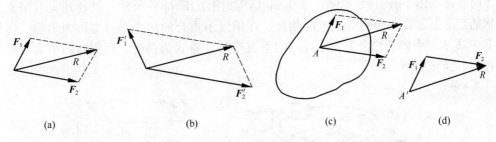

(a)　　　　　　　(b)　　　　　　　(c)　　　　　　　(d)

图 1-16　受力分解

由力的平行四边形法则得到的一个推论——力的三角形法则。

为求两个共点力 F_1 和 F_2 的合力 R，画出平行四边形的一半就可以了。为了图面清晰，通常不画在原图上，而画在原图的附近。如图 1-16（d）所示：在附近取一点 A'，从 A' 点起始，沿与力 F_1、F_2 平行的方向，按 F_1、F_2 的大小，依次作出力 F_1 和 F_2，然后从第一个力的始端到第二个力的末端封闭成三角形。这条封闭边就确定了合力 R 的方向和大小，而 R 的作用点，当然是图 1-16（a）上原力 F_1 和 F_2 的作用点 A。这种方法称为力的三角形法则，所作出的三角形称为力三角形。

1.5.3　力矩

力对点的矩是很早以前人们在使用杠杆、滑轮、绞盘等机械搬运或提升重物时所形成的一个概念。现以扳手拧螺母为例来说明。如图 1-17 所示，在扳手的 A 点施加一力 F，将使扳手和螺母一起绕螺钉中心 O 转动，这就是说，力有使物体（扳手）产生转动的效应。实践经验表明，扳手的转动效果不仅与力 F 的大小有关，而且还与 O 点到力作用线的垂直距离 d 有关。当 d 保持不变时，力 F 越大，转动越快。当力 F 不变时，d 值越大，转动也越快。若改变力的作用方向，则扳手的转动方向就会发生改变，因此，我们用 F 与 d 的乘积再冠以适当的正负号来表示力 F 使物体绕 O 点转动的效应，并称为力 F 对 O 点之矩，简称

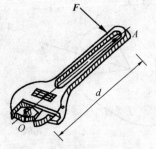

图 1-17　力矩分析示意图

力矩，以符号 $M_O(F)$ 表示，即：

$$M_O(F) = \pm Fd \qquad (1\text{-}2)$$

式中，O 点称为转动中心，简称矩心。矩心 O 到力作用线的垂直距离 d 称为力臂。式中的正负号表示力矩的转向。人们通常规定：力使物体绕矩心产生逆时针方向转动时，力矩为正；反之为负。在平面力系中，力矩或为正值，或为负值，因此，力矩可视为代数量。

显然，力矩在下列两种情况下等于零：

1）力等于零。

2）力臂等于零，就是力的作用线通过矩心。

力矩的单位是牛 [顿] 米（N·m）或千牛 [顿] 米（kN·m）。

1.5.4　力偶

1.5.4.1　力偶的概念

在生产实践和日常生活中，经常遇到大小相等、方向相反、作用线不重合的两个平行力所组成的力系。这种力系只能使物体产生转动效应而不能使物体产生移动效应。例如，司机操纵方向盘，如图 1-18（a）所示；木工钻孔，如图 1-18（b）所示；以及开关自来水龙头或拧钢笔套等。这种大小相等、方向相反、作用线不重合的两个平行力称为力偶，用符号 $(F,\ F')$ 表示。力偶的两个力作用线间的垂直距离 d 称为力偶臂，力偶的两个力所构成的平面称为力偶作用面。

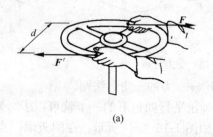
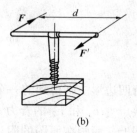

(a)　　　　　　　　　　(b)

图 1-18　力偶

(a) 方向盘；(b) 木工钻孔

实践表明，当组成力偶的力 F 越大，或力偶臂 d 越大，则力偶使物体转动的效应就越强；反之就越弱。因此，与力矩类似，我们用 F 与 d 的乘积来度量力偶对物体的转动效应，并把这一乘积冠以适当的正负号称为力偶矩，用 m 表示，即：

$$m = \pm Fd \qquad (1\text{-}3)$$

式中正负号表示力偶矩的转向。通常规定：若力偶使物体作逆时针方向转动时，力偶矩为正；反之为负。在平面力系中，力偶矩是代数量。力偶矩的单位与力矩相同，单位是牛 [顿] 米（N·m）或千牛 [顿] 米（kN·m）。

1.5.4.2　力偶的性质

力偶不同于力，它具有一些特殊性质，如下所述：

（1）力偶没有合力，不能用一个力来代替。

由于力偶中的两个力大小相等、方向相反、作用线平行，如果求它们在任一轴上的投影，如图 1-19 所示，设力与 x 轴的夹角为 α，得：

$$\sum X = F\cos\alpha - F'\cos\alpha \tag{1-4}$$

这说明，力偶在任一轴上的投影等于零。

　　既然力偶在轴上的投影为零，所以力偶对物体只能产生转动效应，而一个力在一般情况下，对物体可产生移动和转动两种效应。

　　力偶和力对物体的作用效应不同，说明力偶不能用一个力来代替，即力偶不能简化为一个力。因而力偶也不能和一个力平衡，力偶只能与力偶平衡。

　　(2) 力偶对其作用面内任一点之矩都等于力偶矩，与矩心位置无关。

　　力偶的作用是使物体产生转动效应，所以力偶对物体的转动效应可以用力偶的两个力对其作用面某一点的力矩的代数和来度量。如图 1-20 所示力偶 (F, F')，力偶臂为 d，逆时针转向，其力偶矩为 $m = Fd$，在该力偶作用面内任选一点 O 为矩心，设矩心与 F' 的垂直距离为 x。显然力偶对 O 点的力矩为：

$$M_O(F, F') = F(d + x) - F' \cdot x = Fd = m \tag{1-5}$$

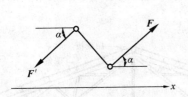

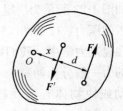

图 1-19　力在 x 轴上的投影　　　　　　　　　图 1-20　力偶

这说明力偶对其作用面内任一点的矩恒等于力偶矩，而与矩心的位置无关。

　　(3) 同一平面内的两个力偶，如果它们的力偶矩大小相等、转向相同，则这两个力偶等效，称为力偶的等效性（其证明从略）。

　　从以上性质还可得出两个推论：

　　①在保持力偶矩的大小和转向不变的条件下，力偶可在其作用面内任意移动，而不会改变力偶对物体的转动效应。例如图 1-21 (a) 作用在方向盘上的两个力偶 (P_1, P'_1) 与 (P_2, P'_2) 只要它们的力偶矩大小相等，转向相同，作用位置虽不同，但转动效应是相同的。

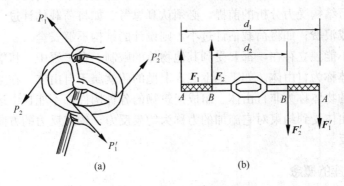

(a)　　　　　　　　　　(b)

图 1-21　方向盘、攻螺纹力偶

　　②在保持力偶矩的大小和转向不变的条件下，可以任意改变力偶中力的大小和力偶臂的长短，而不改变力偶对物体的转动效应。如图 1-21 (b) 所示，在攻螺纹时，作用在纹杆上

13

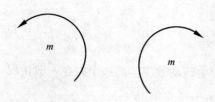

图 1-22 力偶的表示

的 (F_1,F_1') 或 (F_2,F_2') 虽然 d_1 和 d_2 不相等，但只要调整力的大小，使力偶矩 $F_1d_1=F_2d_2$，则两力偶的作用效果是相同的。

由以上分析可知，力偶对于物体的转动效应完全取决于力偶矩的大小、力偶的转向及力偶作用面，即力偶的三要素。因此，在力学计算中，有时也用一带箭头的弧线表示力偶，如图 1-22 所示，其中箭头表示力偶的转向，m 表示力偶矩的大小。

1.6 约束和约束力

1.6.1 约束与约束力的概念

实际的建筑工程结构由于其作用和工作条件的不同，作用在它们上面的力是多种多样的。如图 1-23 所示为房屋结构的屋架，屋架所受到的力有：屋面的自重、屋架本身的自重、风及雪的压力，以及两端柱或砖墙的支承力等。

在建筑力学中，我们把作用在物体上的力一般分为两种：一种是使物体运动或使物体有运动趋势的主动力，例如重力、风压力等；另一种是阻碍物体运动的约束力，这里所谓约束，就是指能够限制某构件运动（包括移动、转动）的其他物体（如支承

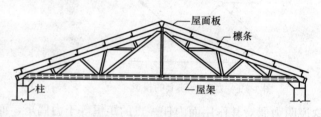

图 1-23 房屋结构的屋架

屋架的柱）。而约束作用于被约束构件上的力就称为约束力，例如柱对屋架的支承力。

通常把作用在结构上的主动力称为荷载，而把约束力称为反力。荷载与反力是互相对立又互相依存的一个矛盾的两个方面。它们都是其他物体作用在结构上的力，所以又统称为外力。在外力作用下，结构内（如屋架内）各部分之间将产生相互作用的力称为内力。结构的强度和刚度问题，都直接与内力有关，而内力又是由外力所引起和确定的。在结构设计中，首先要分析和计算作用在结构上的外力，然后进一步计算结构中的内力。因此，确定结构所受的荷载，是进行结构受力分析的前提，必须认真思考。如将荷载估计过大，则设计的结构尺寸将偏大，造成浪费；如将荷载估计过小，则设计的结构不够安全。

任何物体都不能独立存在，都要受到其他物体的限制。在工程中，将能自由地向空间任意方向运动的物体称为自由体。如工地上工人上抛的砖就属于自由体。在空间某一方向运动受到阻碍或阻止的物体称为非自由体。组成建筑物的各种构件都不能自由运动，所以都属于非自由体。非自由体受到约束对它施加的力称为约束反力，约束反力的方向总是与受约束限制的位移方向相反。

1.6.2 节点和支座的概念

在结构中，杆件与杆件相连接处称为节点。尽管各杆之间连接的形式有各种各样（特别是由于材料不同，使得连接的方式有很大的差异），但在计算简图中，只简化为两种理想的连接方式，即铰节点和刚节点。

铰节点的特征是各杆可以绕节点中心自由转动。用理想铰来连接杆件的例子在实际工程结构中是极少的，但从节点的构造来分析，把它们近似地看成理想铰节点所造成的误差并不显著。如图1-24（a）所示为一木屋架的节点构造图，可认为各杆之间有微小的转动，其杆与杆之间的连接可简化为铰节点，用图1-24（b）表示。又如图1-25（a）所示为木结构或钢筋混凝土梁中经常采用的一种连接方式，计算时也可简化为铰节点，其简图如图1-25（b）所示。

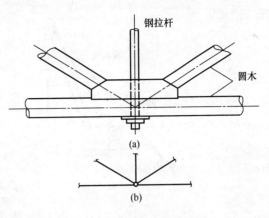

图1-24　木屋架的节点构造

刚性节点的连接形式在钢筋混凝土结构中是经常采用的。如图1-26（a）所示为钢筋混凝土框架，柱和梁是刚性连接，其特征是当结构发生变形时，节点处各杆端之间夹角保持不变。其中节点 A 钢筋的布置示意图如图1-26（b）所示。

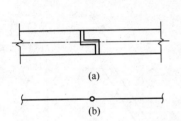

图1-25　木结构或钢筋混凝土梁连接

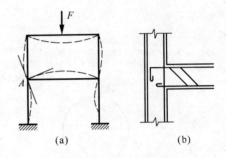

图1-26　钢筋混凝土框架

在工程中，将结构物或构件连接在墙、柱、机器的机身等支承物上的装置称为支座。

1.6.3　约束类型

下面介绍几种常见的约束类型。

1. 柔性约束

由拉紧的绳索、链条、带等柔软物体构成的约束统称为柔性约束。其约束反力的作用线沿柔体中心线，方向背离被约束的物体，即被约束物体受到一个拉力作用。如图1-27（a）所示的起重装置中，桅杆和重物一起所受绳子的约束反力分别为 F_1、F_2 和 F_3，如图1-27（b）所示，而重物单独受绳子的约束反力则为 F_4，如图1-27（c）所示。在图1-28（a）所示的带轮中，带对两轮的约束反力分别为 F_1、F_2 和 F_1'、F_2'，如图1-28（b）所示。

2. 光滑面约束

由光滑表面对刚性物体构成的约束称为光滑面约束。由于接触面光滑，则被约束物体可无阻碍地沿接触面的公切面运动，但却不能沿通过接触点的公法线并朝向约束它的物体一侧运动。因此，光滑接触面对物体的约束反力应作用于接触点并沿接触面的公法线且指向被约束的物体，如图1-29所示。此时约束反力的方向已知。

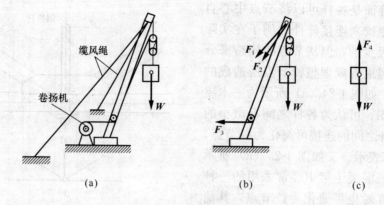

图 1-27　起重机约束反力

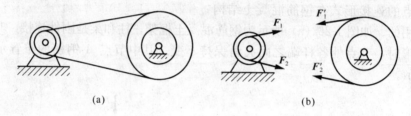

图 1-28　带轮约束反力

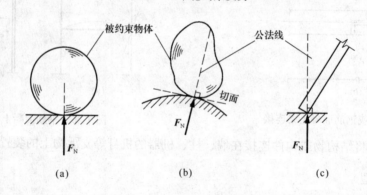

图 1-29　光滑面约束受力

3. 铰链约束

在两个物体上分别穿直径相同的圆孔，再将一直径略小于孔径的圆柱体（称为销钉）插入该两物体的孔中便构成了铰链约束，如图 1-30（a）所示。连接件本身简称为铰或中间铰。这样，物体既可沿销钉轴线方向运动又可绕销钉轴线转动，但却不能沿垂直于销钉轴线的方向移动而脱离销钉。若不计摩擦，则物体与销钉为光滑面接触，物体所受到的约束反力应通过接触点和圆孔中心，如图 1-30（b）所示。由于接触点 C 随主动力而变，故约束反力 F_C 的大小和方向均为未知，一般将它分解为两个互相垂直的分力 F_{Cx} 与 F_{Cy}，如图 1-30（c）所示。其力学简图与约束反力表示法分别如图 1-30（d）、（e）所示。

4. 链杆约束

两端用铰链与物体连接且中间不受力（自重忽略不计）的刚性杆称为链杆，如图 1-31（a）所示，又称二力杆或二力构件。这种约束能阻止物体沿着链杆两端铰链中心的连线方向运动，但不能阻止其他方向的运动。所以链杆的约束反力只能是沿着链杆两端铰链中心的连

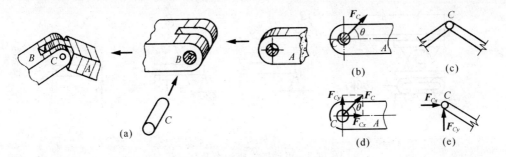

图 1-30　铰链约束及其简化

线，其指向或背离物体（拉力），或指向物体（压力）。其力学简图与约束反力表示法如图 1-31（b）、（c）所示。图 1-31（d）为链杆的受力图。

若将 *AB* 杆改为曲杆（或折杆），则 *AB* 杆也为二力杆，其受力图如图 1-31（e）所示。

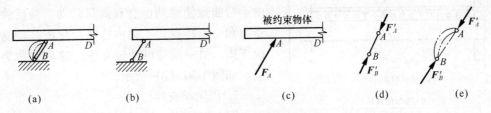

图 1-31　链杆约束及其简化

5. 固定铰支座

用中间铰把结构物或构件与支座底板连接，并将底板固定在支承物上而构成的支座，称为固定铰支座。图 1-32（a）是其构造示意图。通常为避免因在构件上穿孔而削弱构件的支承能力，可在构件上固结一个用以穿孔的物体称之为上摇座，而将底板称为下摇座，如图 1-32（b）所示。

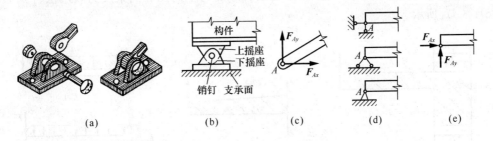

图 1-32　固定铰支座约束及其简化

与中间铰相比可知，固定铰支座作用于被约束物体上的约束反力也应通过圆孔中心，而大小和方向待求，通常也以其相互垂直的两个分力表示，如图 1-32（c）所示。固定铰支座的力学简图和约束反力表示法分别如图 1-32（d）、（e）所示。

6. 可动铰支座

若在固定铰支座的下摇座与支承物之间放入可沿支承面滚动的滚动体就构成了可动铰支座，如图 1-33（a）所示。因这种支座只能阻止物体与销钉连接处垂直于支承面的运动而不能阻止它沿支承面的运动，故可动铰支座对物体的约束反力应垂直于支承面并通过圆孔中心，如图 1-33（c）所示。可动铰支座的力学简图和约束反力表示法如图 1-33（b）、（c）

17

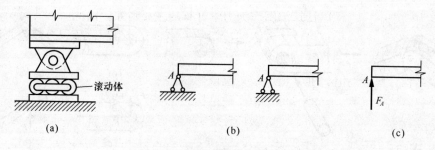

(a)   (b)   (c)

图 1-33　可动铰支座约束及其简化

所示。

如图 1-34（a）所示，一钢筋混凝土梁，两端插入墙内。在平衡状态下，当然不允许梁

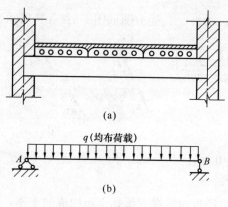

发生上下、左右的移动。但温度有变化时，梁长可能有微量的伸缩，另外，当梁受荷载作用后，由于弯曲致使梁端也会有微量转动。为反映这一受力和变形特点，工程中将梁简化成一端是固定铰支座，另一端是可动铰支座。这种梁称为简支梁，如图 1-34（b）所示。

7. 固定端支座

图 1-35（a）是雨篷的剖面图，在此结构中，由于墙的约束作用，完全限制了雨篷的运动，使雨篷靠墙的一端既不能上下左右移动，又不能转动。这两个约束特点可用图 1-35（b）表示。这种支座叫固定端支座。当构件受到荷载作用时，

图 1-34　铰支座实例

固定端支座将产生两个互相垂直的反力 F_{Ax}、F_{Ay} 和一个阻止构件绕固定端 A 点转动的约束反力偶矩 M_A，如图 1-35（d）所示。固定端支座的力学简图和约束反力表示法分别如图 1-35（c）、（d）所示。

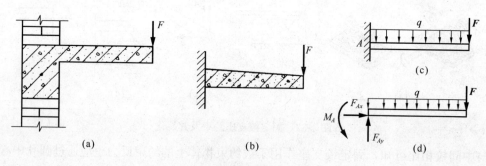

(a)   (b)   (c)

图 1-35　固定端支座及其简化

1.6.4　实际工程的计算简图

在实际工程中的建筑物，其结构、构造以及作用的荷载，往往是比较复杂的。结构设计时，若完全严格地按照结构的实际情况进行力学分析，是没有必要的，同时对于有些非常复杂的问题也是不可能实现的。因此，在对实际结构进行力学分析时，常采用简化的图形来代替实际的结构，这种简化了的图形就称为结构计算简图。

18

在建筑力学中，由于是以计算简图作为力学计算的主要对象，因此，在结构设计中，如果计算简图取错了，就会出现设计差错，甚至造成严重的工程事故，所以合理选取计算简图十分重要，必须引起足够的重视。

在选取结构计算简图时，通常情况下，应遵循如下两个原则：

①既要忽略次要因素，又要尽可能地反映结构的主要受力情况。

②既要使计算工作尽量简化，又要保证计算结果有足够的精确性。

在满足上述两个原则的前提下，对实际结构主要从三个方面进行简化。

（1）杆件及杆与杆之间的连接构造的简化

由于杆件的截面尺寸通常比杆件的长度小得多，在计算简图中，杆件用其纵轴线来表示，如梁、柱等构件的纵轴线为直线，就用相应的直线来表示。又如曲杆的纵轴线为曲线，则用相应的曲线来表示。

（2）支座的简化

支座可根据实际构造和约束情况进行简化。

（3）荷载的简化

关于荷载的简化已在上面讨论过，实际结构构件受到的荷载，一般是作用在构件内各处的体荷载（如自重），以及作用在某一面积上的面荷载（如风压力）。在计算简图中，把它们简化到作用在构件纵轴线上的线荷载、集中荷载和力偶。

下面通过一个简单的实例来说明结构计算简图的取法。

如图 1-36（a）、（b）所示为工业建筑厂房内的组合式吊车梁，上弦为钢筋混凝土 T 形截面梁，下面的杆件由角钢和钢板组成，节点处为焊接。梁上铺设钢轨，吊车在钢轨上左右移动，最大轮压 $F_1 = F_2$，吊车梁两端由柱子上的牛腿支承。从下述三个方面来考虑选取其计算简图。

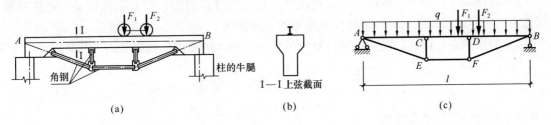

(a)　　　　　　　　　　(b)　　　　　　　　　　(c)

图 1-36　工业建筑厂房内的组合式吊车梁

（1）杆件及其相互连接的简化

各杆由其纵轴线来代替，上弦是整体的钢筋混凝土梁，其截面较大，故 AB 为一连续体，而其他杆件与 AB 杆相比截面均较小，它们基本上只承受轴力，可视为链杆。AE，BF，EF，CE 和 DE 各杆之间连接均简化为铰接，其中 C，D 铰联在 AB 梁的下方。

（2）支座的简化

整个吊车梁搁置在柱的牛腿上，相互之间仅由较短的焊缝连接，吊车梁既不能上下移动，也不能水平移动，但梁受到荷载后，梁的两端可以做微小的转动。此外，当温度变化时，梁还可以自由伸缩，为便于计算并考虑到支座的反力情况，将支座简化成一端为固定铰支座，另一端为活动铰支座。吊车梁的两端与柱子牛腿支承接触面的长度较小，可取梁两端与柱子牛腿接触面中心的间距，即两支座间的水平距离作为梁的计算跨度 l。

（3）荷载的简化

作用在整个吊车梁上的荷载有恒载和活载。恒载包括钢轨、梁自重，可简化为作用在沿纵轴线上的均布荷载 q。活荷载是轮压 F_1 和 F_2，由于轮子与钢轨的接触面积很小，可简化为分别作用在两点上的集中荷载。

综上所述，吊车梁的计算简图如图 1-36（c）所示。

同理，可以简化如图 1-37（a）所示的楼梯中的休息平台及梯段，其简图如图 1-37（b）、（c）所示。

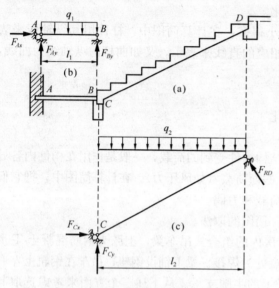

图 1-37　楼梯中的休息平台及梯段示意

恰当地选取结构计算简图，是结构设计中非常重要的问题，在掌握上面所述的两个基本原则和方法的基础上，还需要有较多的实践经验。对于一些新型结构往往还要通过反复试验和实践，才能获得比较合理的计算简图。

必须指出，由于结构的重要性、设计进行的阶段、计算问题的性质和计算工具等因素的不同，即使是同一结构也可以取不同的计算简图。在一般情况下：

1）对于重要的结构，应该选取比较精确的计算简图。

2）初步设计阶段可选取粗略的计算简图，在技术设计阶段则应该选取比较精确的计算简图。

3）对结构进行静力计算时，应该选取比较复杂的计算简图，而对结构作动力稳定计算时，由于问题比较复杂，可以选取比较简单的计算简图。

4）结构的设计计算，随着电子计算机的广泛应用，可采用比较精确的计算简图。

1.7　物体的受力分析

1.7.1　受力分析方法与步骤

研究力的平衡问题时，首先要分析物体的受力情况，了解物体受到哪些力的作用，其中哪些力是已知的，哪些力是未知的，这个过程称为对物体进行受力分析。工程结构中的构件或杆件，一般都是非自由体，它们与周围的物体（包括约束）相互连接在一起，用来承受荷载。为了分析某一物体的受力情况，往往需要解除限制该物体运动的全部约束，把该物体从与它相联系的周围物体中分离出来，单独画出这个物体的图形，称之为隔离体（或研究对象）。然后，再将周围物体对该物体的全部作用力（包括主动力与约束反力）画在隔离体上。这种画有隔离体及其所受的全部作用力的简图，我们将其称为物体的受力图。

对物体进行受力分析并画出其受力图，是求解力学问题的关键。所以，必须熟练掌握。

画受力图的步骤及注意事项：

1）将研究对象从其联系的周围物体中分离出来，即取隔离体。

2）根据已知条件，画出作用在研究对象上的全部主动力。

3）根据隔离体原来受到的约束类型，画出相应的约束反力。应特别注意两个物体之间相互作用的约束力应符合作用力与反作用力定律。

4）要熟练地使用常用的字母和符号标注各个约束反力。注意要按照原结构图上每一个构件或杆件的尺寸和几何特征作图，以免引起错误或误差。

5）受力图上只画隔离体的简图及其所受的全部外力，不画已被解除的约束。

6）当以系统为研究对象时，受力图上只画该系统（研究对象）所受的主动力和约束反力，而不画系统内各物体之间的相互作用力（称为内力）。

7）正确判断二力杆。二力杆中的两个力的作用线沿力作用点的连线，且等值、反向。

1.7.2 实际工程的受力分析

下面通过具体的例子来说明在实际工程中如何对物体进行受力分析以及画物体的受力图。

【例1-1】 试画出如图1-38（a）所示简支梁的受力图。

【解】

（1）取隔离体。取 AB 为研究对象，去掉 A、B 两支座，单独画出 AB 梁。

（2）将作用在 AB 梁上的荷载画上。

（3）将固定铰支座和可动铰支座所对应的约束反力 F_{Ax}、F_{Ay}、F_B 画上。

图1-38（b）就是 AB 梁的受力图。

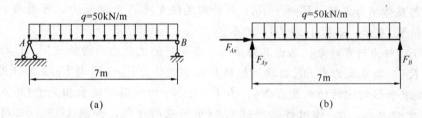

图1-38 例1-1图

【例1-2】 如图1-39所示为一简易起重架计算简图。它由三根杆 AC、BC 和 DE 连接而成，A 处作为固定铰支座，B 处是滚子，相当于一个可动铰支座，C 处安装滑轮，滑轮轴相当于销钉。在绳子的一端用力 F_T 拉动使绳子的另一端重量为 G 重物匀速缓慢地上升。设忽略各杆以及滑轮的自重。试对重物连同滑轮、DE 杆、BC 杆、AC 杆、AC 杆连同滑轮和重物、整个系统进行受力分析并画出它们的受力图。

【解】

（1）取重物连同滑轮为研究对象，画出隔离体图。其上作用的主动力有重物的重力 G 和绳子的拉力 F_T，由于重物匀速缓慢地上升，处于平衡状态。因此 F_T 与 G 应相等。而约束力 R_C 是滑轮轴对滑轮的支承力，根据三力平衡汇交定理，R_C 的作用线通过 G、F_T 作用线的延长线的交点 O_1，如图1-39（b）所示。

（2）取 DE 杆为研究对象，画出其隔离体。由于 DE 杆的自重不计，只在其两端受到铰链 D 和 E 的约束反力且处于平衡，因此，DE 杆为二力杆，只在其两端受力，设为受拉，其受力图如图1-39（c）所示，并且 $F_D = -F_E$。

（3）取 AC 杆为研究对象，画出其隔离体。其受到的主动力为滑轮连同 BC 杆通过滑轮轴给它的力，即 F_C 和 F_{C1}。两个力的反作用力的合力，由于这种表示方法较繁，因此用通

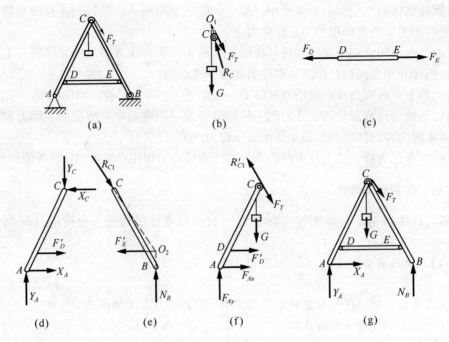

图 1-39　例 1-2 图

过 C 点的两个相互垂直的分力 X_C 和 Y_C 表示。约束反力有 DE 杆通过铰 D 给它的反力 F'_D，根据作用力与反作用力定理，$F'_D = -F_D$；另外固定铰支座 A 处的反力，可用两个相互垂直的分力 X_A 和 Y_A 表示。如图 1-39（d）所示。

（4）取 BC 杆为研究对象，画出其隔离体。其受到的主动力为滑轮连同 AC 杆通过滑轮轴给它的力 R_{C1}。约束反力有 DE 杆通过铰链 E 给它的反力 F'_E（F'_E 与 F_E 互为作用力与反作用力），以及滚子 B 对它的约束反力 N_B。力 F'_E 与 N_B 的作用线延长相交于 O_2 点，根据三力平衡汇交定理可知，R_{C1} 作用线必通过 C、O_2 两点的连线，如图 1-39（e）所示，其中 $F'_E = -F_E$。

（5）取 AC 杆连同滑轮与重物为研究对象，画出其隔离体。作用在其上的主动力是重物的重力 G 和绳子的拉力 F_T。约束反力有固定铰支座 A 对它的约束反力 X_A、Y_A；铰链 D 的约束反力 F'_D 以及 BC 杆通过滑轮给它的约束反力 R'_{C1}，根据作用力与反作用力定理，$R'_{C1} = -R_{C1}$。图 1-39（f）即为其受力图。应当注意，图 1-38（f）中的 X_A、Y_A 及 F'_D 应当与图 1-39（d）中 AC 杆的 X_A、Y_A 及 F'_D 完全一致。

（6）取整体为研究对象，画出其隔离体。作用在其上的主动力有重物的重力 G，绳子的拉力 F_T；约束反力有支座 A、B 两处的反力 X_A、Y_A 和 N_B，其受力图如图 1-39（g）所示。

1.8　平面体系的几何组成分析

1.8.1　几何组成分析的概念

1. 几何不变体系

在不考虑材料应变的条件下，任意荷载作用下，体系的位置和形状均能保持不变，这样的体系称为几何不变体系，如图 1-40（a）、（b）、（c）所示。

22

2. 几何可变体系

在不考虑材料应变的条件下，即使在微小的荷载作用下，也会产生机械运动而不能保持其原有形状和位置的体系，称为几何可变体系，如图 1-40 (d)、(e)、(f) 所示。

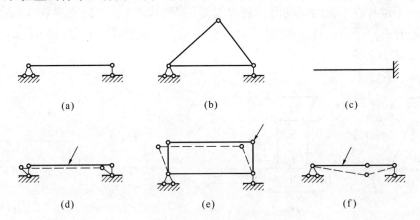

(a) (b) (c)

(d) (e) (f)

图 1-40 几何不变体系和几何可变体系

在介绍自由度之前，先了解几个概念。

刚片——几何形状不变的平面体，简称为刚片。在几何组成分析中，由于不考虑材料的弹性变形，故所有连续不断的平面杆件均可视为刚片。例如，每一杆件或每根梁、柱都可以看作是一个刚片，建筑物的基础或地球也可看作是一个大刚片。

链杆——一根两端铰接于两个刚片的杆件称为链杆。

单铰和复铰——连接两个刚片的铰称为单铰，连接多于两个刚片的铰称为复铰。图1-41和图 1-42 分别为单铰和复铰的示例。一般说来，从联系数的作用来看，一个连接 n 个刚片的复铰相当于（$n-1$）个单铰。

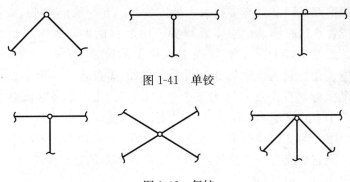

图 1-41 单铰

图 1-42 复铰

虚铰——如果两个刚片用两根链杆连接（图 1-43），则这两根链杆的作用就和一个位于两杆交点的铰的作用完全相同。我们常称连接两个刚片的两根链杆相当于一个虚铰，虚铰的位置即在这两根链杆的交点上，如图 1-43 中的 O 点，因为在这个交点 O 处并没有真正的铰，所以称它为虚铰。

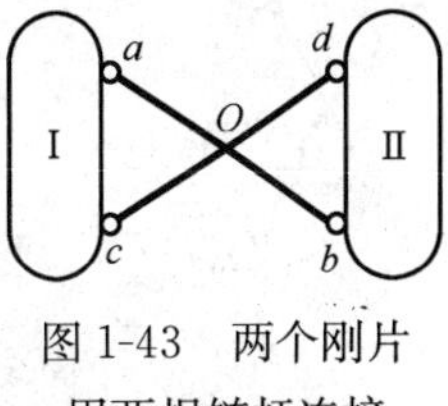

如果连接两个刚片的两根链杆并没有相交，则虚铰在这两根链杆延长线的交点上，如图 1-44（a）所示。若这两根链杆是平行的，也可以认为它们相当于一个虚铰，不过虚铰的位置在无穷远处，如图 1-44（b）所示。

图 1-43 两个刚片
用两根链杆连接

3. 自由度

自由度是指确定体系位置所需要的独立坐标（参数）的数目。例如，一个点在平面内运动时，其位置可用两个坐标来确定，因此平面内的一个点有两个自由度，如图 1-45（a）所示。又如，一个刚片在平面内运动时，其位置要用 x、y、φ 三个独立参数来确定，因此平面内的一个刚片有三个自由度，如图 1-45（b）所示。由此看出，体系几何不变的必要条件是自由度等于或小于零。

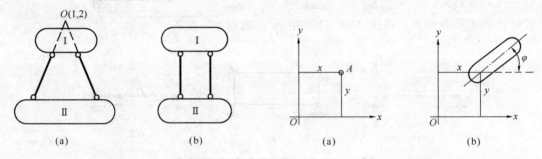

图 1-44　两个刚片用两根链杆连接　　　　　　图 1-45　独立坐标

4. 约束

减少体系自由度的装置称为约束。减少一个自由度的装置即为一个约束，并以此类推。约束主要有链杆（一根两端铰接于两个刚片的杆件称为链杆，如直杆、曲杆、折杆）、单铰（即连接两个刚片的铰）、复铰约束（图 1-42）和刚节点四种形式。假设有两个刚片，其中一个不动设为基础，此时体系的自由度为 3。若用一链杆将它们连接起来，如图 1-46（a）所示，则除了确定链杆连接处 A 的位置需一转角坐标 φ_1 外，确定刚片绕 A 转动时的位置还需一转角坐标 φ_2，此时只需两个独立坐标就能确定该体系的运动位置，则体系的自由度为 2，它比没有链杆时减少了一个自由度，所以一根链杆相当于一个约束；若用一个单铰把刚片同基础连接起来，如图 1-46（b）所示，则只需转角坐标 φ 就能确定体系的运动位置，这时体系比原体系减少了两个自由度，所以一个单铰相当于两个约束；复铰约束，如图 1-47 所示，若要确定刚片 Ⅰ 的位置需要三个坐标，但当刚片 Ⅱ、Ⅲ 和 Ⅰ 用一复铰连接在一起后，刚片 Ⅱ、Ⅲ 都只能绕 A 点转动，则 Ⅱ、Ⅲ 刚片位置的确定只需再增加两个坐标，自由度共计为五个，它比 Ⅰ、Ⅱ、Ⅲ 之间没有复铰连接时的九个自由度减少了四个自由度。所以，连接三个刚片的复铰相当于两个单铰的作用，由此可推知，连接 n 个刚片的复铰相当于（$n-1$）个单铰（n 为刚片数）约束；若将刚片同基础刚性连接起来，则它们成为一个整体，都不能动，体系的自由度为 0，因此刚节点相当于三个约束，如图 1-46（c）所示。

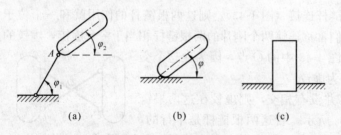

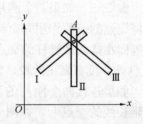

图 1-46　链杆连接两刚片　　　　　　　　图 1-47　确定刚片位置坐标

24

一个平面体系，通常都是由若干个构件加入一定约束组成的。加入约束的目的是为了减少体系的自由度。如果在体系中增加一个约束，而体系的自由度并不因此而减少，则该约束被称为多余约束。应当指出，多余约束只说明为保持体系几何不变是多余的，但在几何体系中增设多余约束，往往可改善结构的受力状况，并非真的多余。

如图 1-48 所示，平面内有一自由点 A，在图 1-48 (a) 中 A 点通过两根链杆与基础相连，这时两根链杆分别使 A 点减少一个自由度而使 A 点固定不动，因而两根链杆都非多余约束。在图 1-48 (b) 中 A 点通过三根链杆与基础相连，这时 A 虽然固定不动，但减少的自由度仍然为 2，显然三根链杆中有一根没有起到减少自由度的作用，因而是多余约束（可把其中任意一根作为多余约束）。

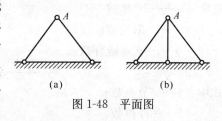

图 1-48　平面图

如图 1-49 (a) 表示在点 A 加一根水平的支座链杆 1 后，A 点还可以移动，是几何可变体系。

图 1-49 (b) 是用两根不在一直线上的支座链杆 1 和 2 把 A 点连接在基础上，A 点上下、左右移动的自由度全被限制住了，不能发生移动，所以图 1-49 (b) 是约束数目恰好够用的几何不变体系，称为无多余约束的几何不变体系。

图 1-49 (c) 是在图 1-49 (b) 上又增加一根水平的支座链杆 3，这第三根链杆，就保持几何不变而言，是多余的。所以图 1-49 (c) 是有一个多余约束的几何不变体系。

图 1-49 (d) 是用在一条水平直线上的两根链杆 1 和 2 把 A 点连接在基础上，保持几何不变的约束数目是够用的，但是这两根水平链杆只能限制 A 点的水平位移，不能限制 A 点的竖向位移。在图 1-49 (d) 两根链杆处于水平线上的瞬时，A 点可以发生很微小的竖向位移到 A' 点处，这时，链杆 1 和 2 不再在一直线上，A' 点就不继续向下移动了。这种原来是几何可变的，经微小位移后又成为几何不变的体系，称为瞬变体系。瞬变体系是约束数目够用，由于约束的布置不恰当而形成的体系。瞬变体系在工程中是不可采用的。

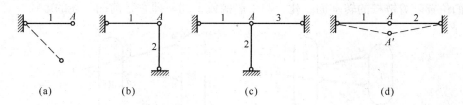

(a)　　　　　　　(b)　　　　　　　(c)　　　　　　　(d)

图 1-49　几何不变体系和几何可变体系

5. 平面体系几何组成分析

建筑工程中的结构必须是几何不变体系，因此，在结构设计和计算之前，首先要研究其几何性质，判断其是否几何不变，这种判别工作称为几何组成分析。

6. 计算自由度 W

一个平面体系通常都是由若干刚片加入一些联系组成。按照各刚片都是自由的情况，计算出所有刚片自由度总数，再计算出所加入的约束总数，两者的差值为体系的计算自由度。

$$W = a - d$$

式中　W——计算自由度；

　　　a——各部件自由度总和；

　　　d——全部约束总和。

$$W = 3m - (2h + r)$$

式中　m——刚片数；

　　　h——单铰数；

　　　r——支座链杆数。

$$W = 2j - (b + r)$$

式中　j——节点数；

　　　b——杆件数。

$W > 0$，说明体系缺少足够的联系，几何可变。

$W = 0$，体系具有成为几何不变所必需的最少联系数目。

$W < 0$，具有多余联系。

1.8.2　平面几何不变体系的组成规则

平面结构几何组成的基本原则作为几何组成分析的基础，应牢牢掌握。

1. 两刚片规则

两刚片用不全交于一点也不全平行的三根链杆相连接，则所组成体系是几何不变的，这就是两刚片规则。

如图 1-50（a）所示，若将刚片 I 和刚片 II 用两根不平行的链杆 ab 和 cd 连接在一起，设刚片 I 固定不动，则 a，c 两点将为固定不动；当刚片 II 运动时，其上 b 点将沿与 ab 杆垂直的方向运动，而其上 d 点则将沿与 cd 杆垂直的方向运动，此时刚片 II 将绕 ab 和 cd 两杆延长线的交点 O 转动。同理，若刚片 II 固定不动，则刚片 I 也将绕 O 点转动。此种情况就相当于把刚片 I 和刚片 II 用铰在 O 点相连的情形一样，这样进一步证实了两根链杆的作用相当于一个单铰，不过现在这个铰的位置是在连接两个刚片的两根链杆的轴线的延长线上，并且它的位置随着链杆的转动而变化，与一般的铰不同，即它是前面所述的虚铰。

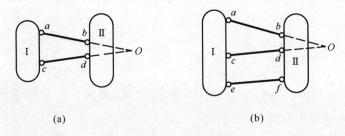

(a)　　　　　　　　　　　　(b)

图 1-50　两刚片连接

为了制止刚片 I 和刚片 II 发生相对转动，还需要加上一根链杆 ef，如图 1-50（b）所示。如果链杆 ef 的延长线不通过 O 点，它就能阻止刚片 I 和刚片 II 之间的相对转动。因此，这时所组成的体系是几何不变的，这就阐明了上述规则的正确性。

2. 三刚片规则

三个刚片用在不同一直线上的三个铰两两相连，则所组成的体系是几何不变的，这就是三刚片规则。

如图 1-51（a）所示，刚片Ⅰ，Ⅱ，Ⅲ用不在同一直线上的 A，B，C 三个铰两两相连。由于 A，B，C 三铰不在一直线上，则 AB，BC 和 CA 三直线便可组成一个三角形，此三角形的三边长度已定。由几何学可知，所组成的此三角形是唯一的，三刚片的相对位置也就固定了。也就是说，三个刚片之间无相对运动，所以，这样组成的体系是几何不变的。

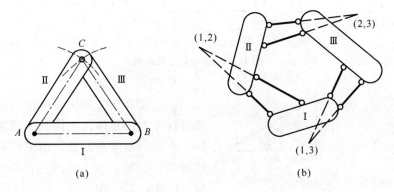

图 1-51　三刚片连接

由于两根链杆的作用相当于一个单铰，故可将 A，B，C 三个铰均化为分别由两根链杆所构成的三个虚铰，且此三个虚铰也不在同一直线上。据此可知，如图 1-51（b）所示的体系也是几何不变的。

体系几何组成分析的依据是上节所述的两个基本组成规则，但在具体分析问题时往往会发生困难，因为常见的体系比较复杂，刚片数往往超过两刚片或三刚片的范围。因此，分析时必须将实际体系的刚片数进行简化。从而便于根据两个基本规则来分析，常用的简化方法有三种：

（1）一元片的撤除。如图 1-52（a）所示，一个刚片 ab 和一个物体 A 两者之间，除了用不全平行也不全交于一点的三根链杆相连接外，再无其他联系，则这一个刚片称为一元片。根据规则一可知，此一元片与物体 A 之间的连接是几何不变的，而整个体系的可变与否完全决定于物体 A 的几何组成。因此，在分析该体系时可先去掉一元片，而只分析物体 A 是否可变。若物体 A 可变，则该体系为可变，反之，则为不变。这种简化方法称为一元片的撤除。

（2）二元片的撤除。如图 1-52（b）所示，两个刚片和一个物体 A 三者之间除了用不在一直线上的三个铰 a，b，c 相连接外，再无其他联系，则这两个刚片称为二元片。根据规则二可知整个体系的可变与否完全决定于物体 A 的几何组成。因此，在分析时可先去掉二元片，而以物体 A 代替整个体系，进一步分析 A 是否可变，这种简化方法称为二元片的撤除。

（3）刚片的合成。当所分析的体系中某些刚片的联系是符合规则一或规则二的要求时，可将它们合成为一个大刚片，这样可使刚片的数目大大减少，从而简化了组成的分析，这种方法称为刚片的合成。如图 1-52（c）所示，链杆 1 用不在一直线上的链杆 2 和链杆 3 连接到一新节点 b，因为链杆也可视为刚片，则刚片 1，2，3 用不在一直线上的三铰 a，b，c 相连，符合三个刚片规则，所以形成内部不变的部分，即合成为刚片Ⅰ。再在此刚片Ⅰ上分别用链杆 4，5 和链杆 6，7 分别连接成节点 d，e，同理也是内部不变的，即最后得到由七根链杆合成的大刚片，可依次类推，继续进行刚片的合成。

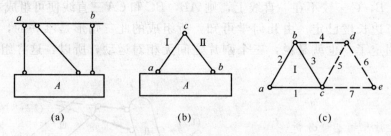

图 1-52 刚片的合成示意

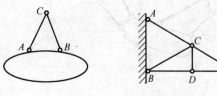

图 1-53 二元体规则

3. 二元体规则

一个铰节点以及被铰接在一超的两根不共线链杆称为二元体。在体系中增加或拆除二元体，不影响原体系的几何组成性质，称为二元体规则。如图 1-53（a）所示体系中 C 节点连同被铰接在一起的 AC，BC 两根链杆的整体 ACB 就是二元体，体系本身是铰接三角形，它又可以看成是在刚片上增加二元体得到的体系；反之，若在铰接三角形上拆除二元体，则得到一个刚片，如图 1-53（b）所示的体系，看成是在基础大刚片上增加二元体 ACB，再加二元体 BDC，最后加二元体 DEC，所以它是无多余约束的几何不变体系。

【例 1-3】 试分析图 1-54 所示体系的几何组成。

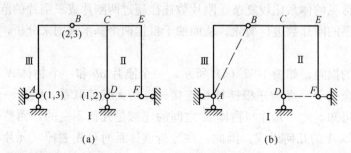

图 1-54 例 1-3 图

【解法一】 如图 1-54（a）所示，将基础，BCDEF，AB 分别视为刚片 Ⅰ，Ⅱ，Ⅲ。刚片Ⅰ和Ⅱ，用两支杆交于 D 点的虚铰相连，B 铰连接刚片Ⅱ和Ⅲ，A 铰连接刚片Ⅰ和Ⅲ，则三铰（1，2），（2，3），（1，3）不在一直线上。故体系为不变的，且无多余联系。

【解法二】 将基础和杆 BCDEF 视为刚片Ⅰ和Ⅱ，而刚片 AB 是用 A，B 两铰与其他部分相连，可将刚片 AB 视为链杆（以虚线在图 1-54（b）中所表示 AB 链杆）。因此，可用两刚片规则来分析，两刚片用三根不全平行也不全交于一点的链杆相连，是符合规则一的，同样，可得到几何不变的结论。

【例 1-4】 试对图 1-55（a）所示体系进行几何组成分析。

【解】 首先，可按式 $W=2j-(b+r)$ 求其计算自由度：

$$W=2j-(b+r)=2\times 6-(8+4)=0$$

这表明体系具有几何不变所必需的最少约束数目。

28

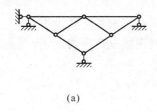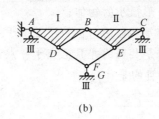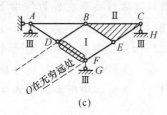

(a)   (b)   (c)

图 1-55 例 1-4 图

其次，进行几何构造分析。

此体系与地基有四根支座链杆相连，因而不能把体系和地基分别看作一个刚片，然后按两刚片规则分析；此外，体系中也无二元体可去。为此，可试用三刚片规则来分析。此时应连同地基一起分析，故首先应将地基作为一刚片，用Ⅲ表示。然后，把三角形 ABD 和 BCE 当作刚片Ⅰ和Ⅱ，如图 1-55（b）所示。通过分析知道：刚片Ⅰ和Ⅲ用铰 A 联结，刚片Ⅰ和Ⅱ用铰 B 相联结，而刚片Ⅱ和Ⅲ之间只有 C 处的一根链杆支座直接相联结，链杆 FG 并不联在刚片Ⅱ上，此外还有杆件 DF，EF 没有用上。显然，这样的结果无法利用几何组成的基本规则来进行判断。因此，应该重新选择刚片。通过观察，铰 A 处的两根支座链杆可看作是地基上增加的二元体，因而可把铰 A 处的两根支座链杆归属于地基的刚片Ⅲ。此时刚片Ⅲ上一共有 AB，AD，FG 和 CH 四根链杆连出，根据四根链杆的连出位置，选择杆件 DF（刚片Ⅰ）和三角形 BCE（刚片Ⅱ）作为另外两个刚片，如图 1-55（c）所示。这样，所有的杆件都已用上，而且符合两两铰联。下面来分析各铰的位置：

刚片Ⅰ和Ⅲ——用链杆 AD 和 FG 相连，虚铰在 F 点；

刚片Ⅱ和Ⅲ——用链杆 AB 和 CH 相连，虚铰在 C 点；

刚片Ⅰ和Ⅱ——用链杆 BD 和 EF 相连，因为此两杆平行，故虚铰 O 在此两杆延长线上的无穷远处。

由于虚铰 O 在 EF 的延长线上，且 F，C 的连线与 EF 共线，故 C，F，O 三铰在一直线上。因此，这是一个瞬变体系。

上岗工作要点

1. 熟悉建筑力学的研究任务和内容。
2. 熟悉常见约束的特点及约束反力的形式，并能对物体系进行受力分析。
3. 在实际工程中，掌握结构计算简图的绘制。
4. 学会对平面体系进行几何组成分析。

思 考 题

1-1 学习建筑力学的主要任务是什么？

1-2 杆件变形的基本形式有哪几种？

1-3 说明力矩与力偶的相同点和不同点。

1-4 对物体进行受力分析时，应注意什么？

1-5 在绘制结构的计算简图时，应遵循什么规则？

1-6 判断下列有关刚体的说法是否正确，并说出理由。

1) 刚体指的是在外力作用下变形很小的物体；

2) 如果作用在刚体上的三个力是共面的，但是不汇交于一点，则刚体不能平衡；

3) 如果作用在刚体上的三个力是共面的并且汇交于一点，则刚体一定平衡。

1-7 平面体系几何组成分析的目的是什么？

1-8 平面结构组成的基本规则是什么？

习　题

1-1　如图 1-56 所示，画出下列各物体的受力图。所有的接触面都是光滑的，未标注的物体，其自重不计。

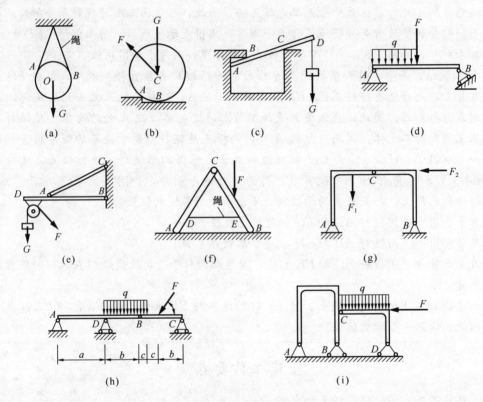

图 1-56　习题 1-1 图

1-2　如图 1-57 所示，房屋建筑中楼面的梁板结构，梁的两端支撑在砖墙上，梁上的板用以支撑楼面上的人群、设备的自重。试画出梁的计算简图。

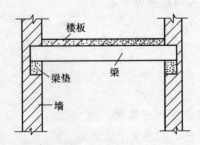

图 1-57　习题 1-2 图

1-3 试对图 1-58 体系作几何分析。如果是具有多余约束的体系，则要指出多余约束的数目。

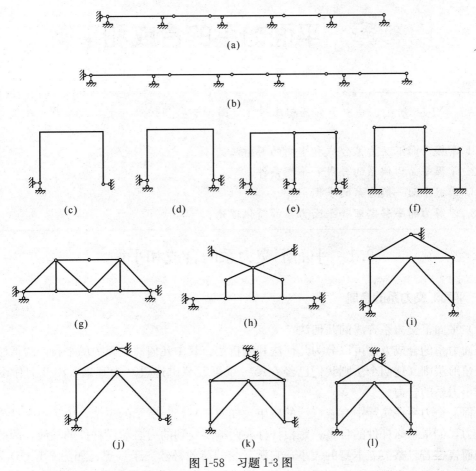

(a)

(b)

(c)   (d)   (e)   (f)

(g)   (h)   (i)

(j)   (k)   (l)

图 1-58 习题 1-3 图

1-4 分析图 1-59 体系的组成。

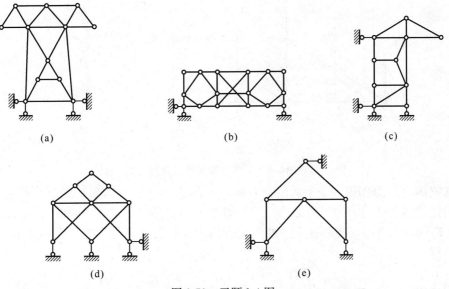

(a)   (b)   (c)

(d)   (e)

图 1-59 习题 1-4 图

第2章 平面力系的合成和平衡

重 点 提 示

1. 掌握平面汇交力系合成和平衡的解析法。
2. 掌握平面力偶系的合成和平衡条件。
3. 掌握平面一般力系的平衡条件。
3. 理解力的平移定理和平面力系的简化理论。

2.1 平面汇交力系的合成和平衡

2.1.1 平面汇交力系的合成

（1）平面汇交力系合成的几何法

平面力系的合成方法可以分为几何法和解析法。其中几何法是以力的平行四边形法则或力的三角形法则（这两个法则我们已经在第一章第五节讲述过）为基础，用几何作图的方法，求出力系的合力。

平面汇交力系在实际中有着广泛的应用。如图 2-1（a）所示的屋架，由于每个杆件只在两端受力，如果忽略杆件的自重，每根杆件在两端所受到的力必然沿杆件的轴线，因此对每个节点而言，若忽略节点本身的大小，它所承受的荷载必然交于一点，如图 2-1（b）所示；平面网架中，每一个球形节点所受到的力也形成平面汇交力系。

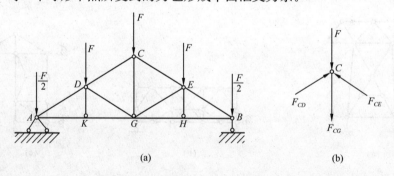

(a)　　　　　　　　　　　　(b)

图 2-1　平面屋架及节点受力

设在物体的 O 点作用一个平面汇交力系 F_1、F_2、F_3、F_4，如图 2-2（a）所示，为求其合力，可连续多次使用力的三角形法则，如图 2-2（b）所示，先求 F_1 和 F_2 的合力 F_{12}，再求 F_{12} 和 F_3 的合力 F_{123}，最后求 F_{123} 和 F_4 的合力 F。力 F 就是原汇交力系 F_1、F_2、F_3、F_4 的合力，即

$$F = F_1 + F_2 + F_3 + F_4 \tag{2-1}$$

实际画图时，F_{12} 和 F_{123} 不必画出，而直接按任选的次序首尾相接地画出原力系中所有

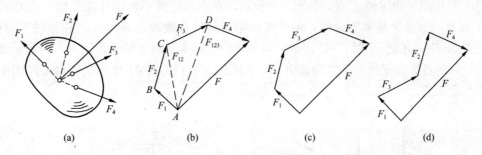

图 2-2 力系及其合力示意

各力矢，得到图 2-2（c）所示的平面折线，然后由所画第一个力矢 F_1 的起点向最后一个矢量的终点 F_4 作一矢量，以使折线封闭而成为一个多边形。此多边形的封闭边就代表了原力系的合力的大小和方向。合力作用线的位置，则应通过原力系中各力作用线的汇交点。

上述所作出的多边形称为力多边形，这种求合力的方法就称为力多边形法则。显然，无论由多少个力组成的平面汇交力系，都可用这种方法求出合力的大小和方向。由此得出结论：平面汇交力系可合成为一个合力，此合力的作用线通过力系中所有各力的汇交点，而合力的大小和方向则由力多边形的封闭边所确定，它等于力系中所有力（设 n 个力）的矢量和，即

$$F = F_1 + F_2 + \cdots + F_i + \cdots + F_n = \sum_{i=1}^{n} F_i = \sum F_i \qquad (2\text{-}2)$$

在用力多边形法则求平面汇交力系的合力时，若改变画力矢的顺序，则力多边形的形状也随之改变，但不影响合力 F 的大小和方向，如图 2-2（c）和（d）所示。但需注意，各分力矢必须首尾相接，而合力矢则应与所画第一个分力矢同起点并与最后一个分力矢同终点。

【例 2-1】 在 A 点作用 4 个力，其中 $F_1 = 0.5\text{kN}$，$F_2 = 1\text{kN}$，$F_3 = 0.4\text{kN}$，$F_4 = 0.3\text{kN}$，各力方向如图 2-3（a）所示，F_4 为铅垂向上。试用几何法求此力系的合力。

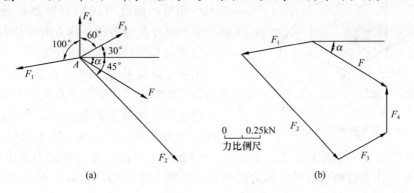

图 2-3 例 2-1 图

【解】 选取 1cm 代表 0.25kN 的比例尺，并按 F_1、F_2、F_3、F_4 的顺序首尾相接地依次画出各力矢，所得的力多边形如图 2-3（b）所示。由力多边形的封闭边量得合力矢 F 长为 2.49cm，故合力的大小为：

$$2.49 \times 0.25 = 0.6225 \quad (\text{kN})$$

合力 F 指向右下方，量得该合力与水平方向间的夹角 $\alpha = 27.5°$，且合力 F 作用在各力的汇交点 A 上，如图 2-3（a）所示。

（2）平面汇交力系合成的解析法

设力 F 作用于物体的 A 点，如图 2-4 所示，在力作用的平面内任选一轴，从力 F 的两端点 A 和 B 分别做坐标轴的垂线，则所得两垂足间的直线段，称为力 F 在该轴上的投影，分别以 F_x 和 F_y 表示之。我们一般规定：当从力的始端垂足到末端垂足的方向与坐标轴正向一致时，力的投影为正值；反之为负值，显然除图 2-4（b）中的 F_y 为负值外，两图中其余各投影均为正值。

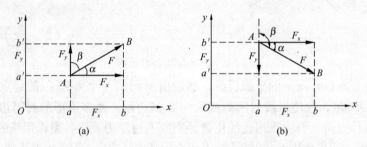

(a)   (b)

图 2-4　力在坐标轴上的投影示意

通常采用力 F 与坐标轴 x 所夹的锐角来计算投影，其正号或负号可根据直观判断得出。由图 2-4 可见，投影 F_x 和 F_y 可用下列公式计算：

$$\left.\begin{aligned} F_x &= \pm F\cos\alpha \\ F_y &= \pm F\sin\alpha \end{aligned}\right\} \tag{2-3}$$

式中　α——力 F 与 x 轴所夹的锐角。

应当注意：力的投影与力的分力 F_x、F_y 是不同的，力的投影只有大小和正负，它是标量；而力的分力是矢量，其作用效果还与作用点或作用线有关，所以，不能将分力与投影混为一谈。在直角坐标系中，分力分别与其所对应的投影大小相等，因此可以以投影表示分力的大小。如图 2-4 中力 F 沿直角坐标方向的分力 F_x 和 F_y 的大小分别与其所对应的投影相等。

还有一点应特别说明，在选用斜坐标系时，分力与它所对应的投影甚至在大小上也不相同。

建立了力在轴上的概念后，就可以推出力系的合力与力系中各力在同一轴上的投影之间的关系。

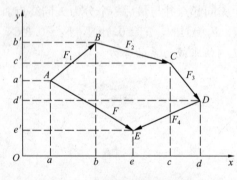

图 2-5　合力投影定理示意

如图 2-5 所示为一个由 F_1、F_2、F_3、F_4 力所组成的平面汇交力系的力多边形，F 是该力系的合力矢。建立直角坐标系，各力矢向两轴投影（图 2-5），则各力在 x 轴和 y 轴上的投影的代数和分别为：

$$F_{1x} + F_{2x} + F_{3x} + F_{4x} = ab + bc + cd - de = ae = F_x \tag{2-4}$$

$$F_{1y} + F_{2y} + F_{3y} + F_{4y} = a'b' - b'c' - c'd' - d'e' = -a'e' = F_y \tag{2-5}$$

上列两式中的 F_x 和 F_y 分别表示合力 F 在 x 轴和 y 轴上的投影。

若力系由 n 个力 F_1，F_2，…，F_n 组成，则：

$$\left.\begin{aligned} F_x &= F_{1x} + F_{2x} + \cdots + F_{nx} = \sum F_{ix} \\ F_y &= F_{1y} + F_{2y} + \cdots + F_{ny} = \sum F_{iy} \end{aligned}\right\} \tag{2-6}$$

即合力在某轴上的投影等于力系中各力在同一轴上投影的代数和，这称为合力投影定理。

通过合力投影定理，可将求平面汇交力系合力的矢量运算转化为代数量运算。如已知力系中各力在所选直角坐标轴上的投影，则合力的大小和方向分别由下列三式确定：

$$F = \sqrt{F_x^2 + F_y^2} = \sqrt{(\sum F_{ix})^2 + (\sum F_{iy})^2}$$
$$\cos\alpha = \frac{F_x}{F}$$
$$\cos\beta = \frac{F_y}{F}$$

(2-7)

合力的作用线应通过力系中诸力的汇交点。式中的 α 和 β 是合力分别与 x 轴和 y 轴的正向夹角。

【例 2-2】 已知作用在刚体上并交于 O 点的三力均在 xOy 平面内（图 2-6），且 $F_1 = 300N$，$F_2 = 250N$，$F_3 = 100N$，$\varphi = 30°$，$\theta = 60°$。用解析法求此平面汇交力系的合力 F。

【解】

（1）先求各方在坐标轴上的投影：

$F_{1x} = 0$

$F_{2x} = F_2\cos\varphi = 250 \times \cos30° = 216.5$ （N）

$F_{3x} = -F_3\cos\theta = -100 \times \cos60° = -50$ （N）

$F_{1y} = -300$ （N）

$F_{2y} = -F_2\sin\varphi = -250 \times \sin30° = -125$ （N）

$F_{3y} = F_3\sin\theta = 100 \times \sin60° = 86.6$ （N）

（2）用合力投影定理求合力 F 在坐标轴上的投影

$F_x = \sum F_{ix} = 0 + 216.5 - 50 = 166.5$ （N）

$F_y = \sum F_{iy} = -300 - 125 + 86.6 = -338.4$ （N）

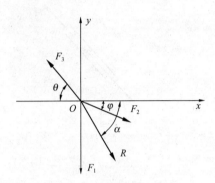

图 2-6 例 2-2 图

（3）求合力 F 的大小和方向

大小：$F = \sqrt{F_x^2 + F_y^2} = \sqrt{166.5^2 + (-338.4)^2} = 377.1$ （N）

方向：因为 F_y 是负值，F_x 为正值，故 F 方向为右下方，与 x 轴的夹角：

$$\tan\alpha = \left|\frac{F_y}{F_x}\right| = \left|\frac{-338.4}{166.5}\right| = 2.032$$

$\alpha = 63.2°$

2.1.2 平面汇交力系的平衡条件

在介绍平面汇交力系的平衡条件之前，我们来熟悉一下几个静力学的公理。

静力学所研究的主要问题，是刚体的平衡条件，或者说是刚体上所作用的力系的平衡条件。通过平衡条件，我们可由作用在结构上的已知力求解出未知力，从而得知作用在结构上的全部外力。

静力学公理是人们在长期的生活和生产实践中，经过反复观察和实验总结出来的最基本的原理，它可以在实践中得到验证，而不能用更基本的原理来推证它。它是构建静力学理论的基本依据。

公理 1 二力平衡定律：由两个力组成的力系若为平衡力系，其必要和充分条件是：这两个力作用在同一条直线上、指向相反、大小相等。

如图 2-7（a）、（b）所示的直杆和非直杆，它们都受由两个力 F_1 和 F_2 所组成的力系作用。若已知受力体处于平衡状态，则根据上述公理可以得出结论：这两个力 F_1 和 F_2 一定共线、反向、等值；反之，若已知这两个力 F_1 和 F_2 共线、反向、等值，则根据上述公理可以得出结论：受力体一定处于平衡状态。

图 2-7 （a）中的 F_1 和 F_2 称为拉力，其箭头指向是背离受力体。图 2-7 （b）中的 F_1 和 F_2 称为压力，其箭头指向是指向受力体。这种只受两个力作用的杆件称为二力杆。在今后的解题中，应特别注意这种二力杆以及上述公理在二力杆上的应用。

图 2-7 （c）中的受力体是柔软的绳索，柔索是只能承受拉力而不能承受压力，因此图 2-7 （c）是个无意义的图例。

如图 2-7 （d）所示，由二力平衡定律可知，在计算之前所任意预设的支承力 R 的指向，一定与实际情况相反。

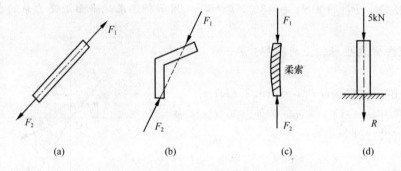

图 2-7 直杆和非直杆受力系作用图

公理 2 加减平衡力系定律：在刚体上加上或去掉一个平衡力系，不会改变原力系对刚体的作用效应。也就是说，如果两个力系只相差一个或几个平衡力系，则它们对刚体的作用效果是相同的，所以这两个力系可以进行等效替换。

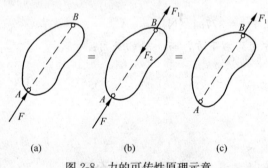

图 2-8 力的可传性原理示意

运用这个公理，可以推论下面力的可传性原理。

作用在刚体上的力可沿其作用线移动到刚体内任一点，而不改变该力对刚体作用的效应。这就是力的可传性原理。

设力 F 作用于刚体上的 A 点，如图 2-8 （a）所示。今在力的作用线上任选一点 B，并于 B 点处加上互相平衡的两个力 F_1 与 F_2，如图 2-8 （b）所示，且使

$$F_1 = -F_2 = F \tag{2-8}$$

由加减平衡力系原理可知，F_1、F_2、F 三个力所组成的力系与原来的力 F 等效。再从该力系中减去由 F 与 F_2 组成的平衡力系后留下的力 F_1，如图 2-8 （c）所示，也应与原来的力 F 等效。由此力的可传性原理便得到了证明。

显然，力的可传性原理只适用于刚体而不适用于变形体。因若改变变形体所受之力的作用点，则物体上发生变形的部位也将随之而改变，这就改变了力对物体的作用效应。可见，对于刚体，力的三要素又可表述为力的大小、方向、作用线。

必须指出，加减平衡力系定律以及力的可传性，只适用于刚体，而对作为变形体的结构和构件是不适用的。

公理 3 刚体上共面且不平行的三个力若平衡，则此三力的作用线必汇交于一点。这就

是三力平衡汇交定理。

设作用于刚体上的平衡力系由 3 个不平行的力 F_1、F_2、F_3 组成，且其中任意二力（例如 F_1 与 F_2）的作用线交于一点 O，如图 2-9（a）所示。今将力 F_1 与 F_2 均沿各自的作用线移到 O 点使其成为两共点力并求出它们的合力 F_{12}，如图 2-9（b）所示。由于 F_{12} 与其两分力 F_1 和 F_2 等效，所以 F_{12} 应与 F_3 平衡。再由二力平衡条件可知，F_3 必与 F_{12} 共线，即 F_3 的作用线也必通过 O 点并与 F_1、F_2 共面。

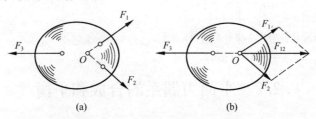

图 2-9　三力平衡汇交定理示意

在熟悉了上述公理后，我们来学习平面汇交力系的平衡条件。

由上节讨论可知，平面汇交力系平衡的充分和必要条件是力系的合力为零。即：

$$F = \sqrt{F_x^2 + F_y^2} = \sqrt{(\sum F_{ix})^2 + (\sum F_{iy})^2} = 0 \tag{2-9}$$

要使合力为零，必须使它的两个分力为零，因此得：

$$\left. \begin{array}{l} \sum F_{ix} = 0 \\ \sum F_{iy} = 0 \end{array} \right\} \tag{2-10}$$

反之，如式（2-10）成立，则必有 $F=0$。它表明：平面汇交力系平衡的必要与充分条件是力系中所有力在任一轴上投影的代数和均为零，这就是平面汇交力系平衡的解析条件，其中 x 轴、y 轴是平面内任意一对互相垂直的轴。

式（2-10）称为平面汇交力系的平衡方程。根据平面汇交力系的平衡条件可以求解平衡问题中的两个未知量。

【例 2-3】　一桁架的节点由四根角钢铆接在连接板上而成（图 2-10）。已知作用在杆件 A 和 C 上的力为 $N_A=6kN$，$N_C=3kN$，以及作用在杆件 B 和 D 上的 N_B 和 N_D 力作用的方向，该力系汇交于 O 点。求在平衡状态下力 N_B 和 N_D 值。

【解】

（1）建立直角坐标系统，以汇交点为直角坐标系的原点，x 轴与 N_B，N_D 力作用线重合，方向向右为正，y 轴向上为正，如图 2-11 所示。

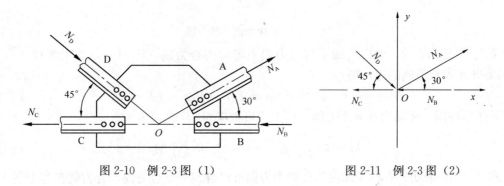

图 2-10　例 2-3 图（1）　　　　　　　　图 2-11　例 2-3 图（2）

（2）列出两个平衡方程

$$\sum F_x = 0 \quad -N_B - N_C + N_D\cos45° + N_A\cos30° = 0$$

$$-N_B - 3 + N_D \times \frac{\sqrt{2}}{2} + 6 \times \frac{\sqrt{3}}{2} = 0$$

$$\sum F_y = 0 \quad -N_D\sin45° + N_A\sin30° = 0$$

$$-N_D \times \frac{\sqrt{2}}{2} + 6 \times \frac{1}{2} = 0$$

由 $\sum F_y = 0$，解得 $N_D = +4.24$（kN）

$$N_B = 5.19 \text{（kN）}$$

2.2 平面力偶系的合成和平衡

2.2.1 平面力偶系的合成

设在同一平面内有两个力偶 (F_1, F'_1) 和 (F_2, F'_2)，它们的力偶臂分别为 h_1 和 h_2，如图 2-12（a）所示，则各力偶矩分别为：

$$M_1 = F_1 h_1, \quad M_2 = F_2 h_2 \tag{2-11}$$

求解它们的合成结果。为此，在保持力偶矩不变的情况下，同时改变这两个力偶的力的大小和力偶臂的长短，使它们具有相同的臂长 h，并将它们在平面内移转，使力的作用线重合，如图 2-12（b）所示。于是得到与原力偶等效的两个新力偶 (F_3, F'_3) 和 (F_4, F'_4)，根据力偶等效条件得：

$$M_1 = F_3 h, \quad M_2 = F_4 h \tag{2-12}$$

分别将作用在点 A 和点 B 的力合成，得：

$$F = F_3 - F_4 \tag{2-13}$$

$$F' = F'_3 - F'_4 \tag{2-14}$$

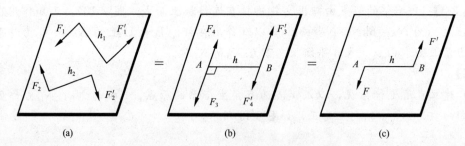

图 2-12　平面力偶系的合成

由于 F 与 F' 是相等的，所以构成了与原力偶系等效的合力偶 (F, F')，如图 2-12（c）所示，以 M 表示合力偶的矩，得：

$$M = Fh = (F_3 - F_4)h = F_3 h - F_4 h = M_1 + M_2 \tag{2-15}$$

若作用在同一平面内有 n 个力偶，则上式可推广为：

$$M = M_1 + M_2 + \cdots + M_n = \sum_{i=1}^{n} M_i \tag{2-16}$$

式（2-16）表明：在同平面内的任意个力偶可以合成一个合力偶，合力偶矩等于各个力偶矩的代数和。

【例 2-4】 如图 2-13 所示，在物体同一平面内受到三个力偶的作用，设 $F_1=250\text{N}$，$F_2=500\text{N}$，$M=200\text{N·m}$，求其合成的结果。

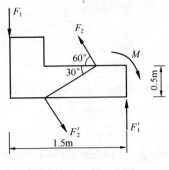

图 2-13 例 2-4 图

【解】 三个共面力偶合成的结果是一个合力偶，各分力偶矩为：

$$M_1=F_1d_1=250\times1.5=375\ (\text{N·m})$$

$$M_2=F_2d_2=500\times\frac{0.5}{\sin30°}=500\ (\text{N·m})$$

$$M_3=-M=-200\ (\text{N·m})$$

由式 $M=M_1+M_2+\cdots+M_n=\sum M$ 得合力偶为：

$$M=\sum M=M_1+M_2+M_3$$

$$=375+500-200$$

$$=675\ (\text{N·m})$$

即合力偶矩的大小等于 675N·m，转向为逆时针方向，作用在原力偶系的平面内。

2.2.2 平面力偶系的平衡条件

平面力偶系可以合成为一个合力偶，当合力偶矩等于零时，则力偶系中的各力偶对物体的转动效应相互抵消，物体处于平衡状态。因此，平面力偶系平衡的必要和充分条件是：力偶系中所有各力偶矩的代数和等于零。用式子表示为：

$$\sum M_i=0 \tag{2-17}$$

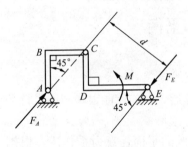

图 2-14 例 2-5 图

【例 2-5】 如图 2-14 所示结构由两直角折杆 ABC 和 CDE 构成。在 CDE 上作用一力偶 M，已知 $AB=BC=CD=a$，$DE=l$，且 A、D、E 三点共线。试求 A、E 点处的约束力。两折杆自重不计。

【解】 由图 2-14 可知，ABC 为二力杆，所以点 A 处的约束反力 F_A 的作用线必定沿 AC 连线。由于力偶只能与力偶相平衡，因此 E 处约束力 F_E 必与 F_A 构成一力偶。系统受力如图 2-14 所示，由 F_E 与 F_A 构成的力偶记为 M_1，则有：

$$M_1=-F_Ad$$

在图 2-14 中，d 的数值不便计算，利用力偶矩的大小和转向与矩心选择无关的特性，可知：

$$M_1=-F_E\sin45°\ (l+a)=-\frac{\sqrt{2}}{2}F_E\ (l+a)$$

根据平面力偶系的平衡方程得：

$$M+M_1=0$$

即

$$M-F_E\sin45°\ (l+a)=0$$

故

$$F_A = F_E = \frac{\sqrt{2}}{l+a}M$$

2.3 力的平移定理

如图 2-15（a）所示，物体所在的平面上 A 点处作用有力 F，O 点是该平面上的任意一点，与力 F 作用线的距离为 d。在 O 点沿力 F 作用线的方位加与力 F 等值的一对平衡力 F' 和 F''，有 $F' = F'' = F$，如图 2-15（b）所示。力 F'' 和 F 组成一个力偶，其矩为 $m\,(F'',\ F) = Fd$（逆时针）。可以把这个力偶改画在 O 点处，即改画成如图 2-15（c）所示的 m，则作用在 A 点处的力 F 就被平行移动到了平面上的任一点 O 处，不过这时多出了一个力偶 m。应该注意，因为加减平衡力系定律只适用于刚体，因此这时的物体是视为被刚化了的。

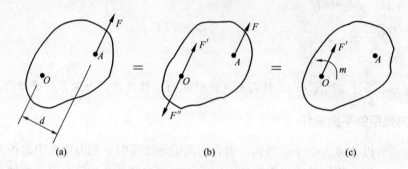

图 2-15　力的平移定理

如上所述就是力的平移定理：作用在刚体上的力，可以平行移动到作用面内的任一点，但必须附加一个力偶才与原力等效，附加力偶的矩等于原力对新作用点的矩。

2.4 平面一般力系的合成和平衡

2.4.1 平面一般力系的合成

在学习了平面汇交力系的合成，力矩、力偶和力线的平移后，我们就能很顺利地进行平面一般力系的合成。

如图 2-16（a）所示，物体受多个力 F_1、F_2、F_3、F_4 组成的平面任意力系作用。根据力的平移定理，可以把这些力平移到作用面内的任意一点 O，得到与它们指向相同、大小相等的力 F_1'、F_2'、F_3'、F_4'，并各附加一个力偶 m_1、m_2、m_3、m_4，如图 2-16（b）所示，则有：

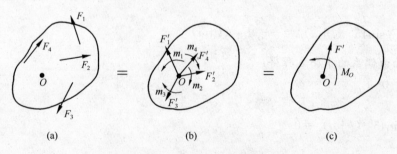

图 2-16　平面力系的简化示意

$$F'_1 = F_1 \qquad m_1 = m_O(F_1)$$
$$F'_2 = F_2 \qquad m_2 = m_O(F_2)$$
$$F'_3 = F_3 \qquad m_3 = m_O(F_3)$$
$$F'_4 = F_4 \qquad m_4 = m_O(F_4)$$

作用于 O 点的各力 F'_1、F'_2、F'_3、F'_4，可合成为它们的合力，写为 F'；各力偶 m_1、m_2、m_3、m_4，可合成为它们的合力偶，写为 M_O，如图 2-16（c）所示，则有：

$$F' = F'_1 + F'_2 + F'_3 + F'_4 + \cdots$$
$$= F_1 + F_2 + F_3 + F_4 + \cdots = \sum_{i=1}^{n} F_i = \sum F_i \qquad (2-18)$$
$$M_O = m_1 + m_2 + m_3 + m_4 + \cdots$$
$$= m_O(F_1) + m_O(F_2) + m_O(F_3) + m_O(F_4) + \cdots$$
$$= \sum_{i=1}^{n} m_O(F_i) = \sum m_O(F_i) \qquad (2-19)$$

这样，就进行了平面任意力系向作用面内任一点 O 的简化。O 点称为简化中心。得出结论：平面任意力系向作用面内任一点简化，得到一个力 F' 和一个力偶 M_O。这个力 F' 称为原力系的主矢，它等于原力系的各力的矢量和，其作用点是简化中心 O；这个力偶 M_O 称为原力系对简化中心 O 的主矩，它等于原力系的各力对简化中心 O 的矩的代数和。

若原力系中含有分布力，则应以分布力的合力参与 F' 和 M_O 的计算。若原力系中含有力偶，例如 m_k，则 m_k 应参与 M_O 的计算，即式（2-19）应为：

$$M_O = \sum m_O(F_i) \pm m_k \qquad (2-20)$$

应该注意：力系的主矢与简化中心的位置无关；而主矩一般情况下与简化中心的位置有关，因此对主矩必须标明简化中心。

平面任意力系向一点 O 简化为一个主矢 F' 和一个对于 O 点的主矩 M_O，无非有下述四种结果：

（1）$F' \neq 0 \quad M_O = 0$

这种情况，主矢 F'，也就是原力系的合力。

（2）$F' = 0 \quad M_O \neq 0$

这种情况表明原力系合成为一个力偶，并且 M_O 与简化中心的位置无关。

（3）$F' = 0 \quad M_O = 0$

这种情况，表明原力系是一个平衡力系。这正是我们在后一节中将要进一步详细讨论和运用的重要课题。

（4）$F' \neq 0 \quad M_O \neq 0$

这种情况，还可把 F' 和 M_O 作进一步的简化。由力的平移定理可知，有一个其作用

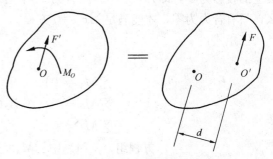

图 2-17　力系等效图

线与 O 点的距离为 d 的力 F，它与 F' 和 M_O 二者等效，如图 2-17 所示。力 F 称为原力系的合力。有：

$$\left. \begin{array}{l} F = F' = \sum F_i \\ d = \dfrac{M_O}{F'} \end{array} \right\} \qquad (2-21)$$

41

图 2-17（b）中，O' 点是 F 作用线上的任意一点。应注意力臂 d 应使 m_O（F）与 M_O 同转向。

2.4.2　平面一般力系的平衡条件

由上一节讨论，已经知道一般力系合成的结果为一矢量 F' 与主矩 M_O，因此，平面一般力系平衡的必要与充分条件是主矢量 $F'=0$ 与主矩 $M_O=0$。一般将 $F'=0$ 用解析方程表示，则平衡方程表达为

$$\left.\begin{array}{l} \sum F_x=0 \\ \sum F_y=0 \\ \sum M_A=0 \end{array}\right\} \tag{2-22}$$

方程组（2-22）是平面一般力系的平衡方程，称为一矩式方程组，其中，前两式叫投影方程，第三式叫力矩方程，这组方程是平面一般力系平衡的基本形式。它表明：平面一般力系平衡的必要和充分条件是力系中各力在直角坐标系 xOy 两坐标轴上的投影的代数和为零，且力系中各力对坐标平面内任意点（A 点）力矩的代数和也等于零。

除上面基本形式的平衡方程以外，平面一般力系的平衡方程还可表达为第二种形式——二矩式，或第三种形式——三矩式。

二矩式：

$$\left.\begin{array}{l} \sum F_x=0 \\ \sum M_A=0 \\ \sum M_B=0 \end{array}\right\} \tag{2-23}$$

方程组（2-23）中的 $\sum M_A=0$，表示该力系不能简化为力偶，但可能简化为一个通过 A 点的合力 F。若该力系同时满足 $\sum M_B=0$，那么，力系的平衡条件还不充分，因当 AB 连线与合力 F 的作用线相重合时，力系能同时满足 $\sum M_A=0$ 与 $\sum M_B=0$，而合力还可能不为零（图 2-18），所以还必须要求 AB 连线与 Ox 轴不垂直，且合力 F 在 x 轴上的投影为零，即 $\sum F_x=0$。因合力 F 作用线不垂直于 Ox 轴，那么，只有合力为零，才能满足 $\sum F_x=0$ 方程。

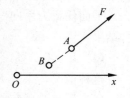

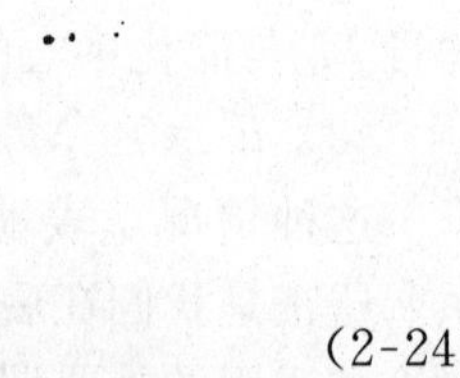

图 2-18　二矩式

三矩式：

$$\left.\begin{array}{l} \sum M_A=0 \\ \sum M_B=0 \\ \sum M_C=0 \end{array}\right\}（A,B,C \text{ 不在一直线上}） \tag{2-24}$$

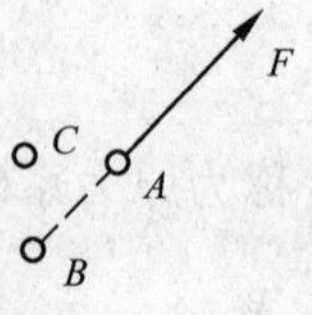

方程组（2-24）中 $\sum M_A=0$，$\sum M_B=0$，同样说明该力系不可能简化为力偶，合力 F 作用线若与 AB 连线相重合，合力 F 可不为零。现进一步要求 A，B，C 三点不在同一直线上（图 2-19），当该力系同时需满足 $\sum M_C=0$ 时，才表明原力系必然为平衡力系。那么，为何强调 C 点必须与 AB 不在同一直线上呢？因为当 C 点与 AB 在同一直线上，即合力作用线过 C 点，当然 F 不为零也满足 $\sum M_C=0$，这样式（2-24）不能表明该力系是平衡的，即该力系的平衡条件还不充分。现要求 C 点必须不与 AB 在同一直线上，那么，只有当合力

图 2-19　三矩式

为零时，才能满足方程$\sum M_C = 0$。

这样，平面一般力系的平衡条件可有式（2-22）、式（2-23）、式（2-24）三种方程组的表示形式。每一组方程均由三个彼此独立的方程式组成，只要满足其中一组方程组，力系就既不可能简化为合力，也不可能简化为力偶，该力系就必定平衡。所以，当一个物体受平面任意力系作用而处于平衡状态时，只能写出三个独立方程，能解三个未知量。对于另外写出的投影方程或力矩方程，只能作为校核计算结果之用，故称为不独立方程。

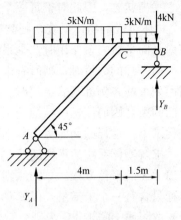

图 2-20　例 2-6 图

【例 2-6】 如图 2-20 所示，均布荷载沿水平方向分布，求此梁支座 A 和 B 处的支反力。

【解】 取整体 ABC 为研究对象。受力分析如图 2-20 所示，则此梁受平面行力系作用，列出二矩式的平衡方程如下：

$$\sum M_A = 0 \quad Y_B \times 5.5 - 4 \times 5.5 - 3 \times 1.5 \times \left(4 + \frac{1.5}{2}\right) - 5 \times 4 \times 2 = 0$$

$$\sum M_B = 0 \quad -Y_A \times 5.5 + 5 \times 4 \times 3.5 + 3 \times 1.5 \times 0.75 = 0$$

解得

$Y_A = 13.34$ （↑）

$Y_B = 15.16$ （↑）

校核

$$\sum Y = Y_A + Y_B - 5 \times 4 - 3 \times 1.5 - 4 = 15.16 + 13.34 - 20 - 4.5 - 4 = 0$$

计算无误。

2.4.3　实际工程平衡条件的应用

在工程中，经常遇到由几个物体通过一定的约束联系在一起的系统，这种系统称为物体

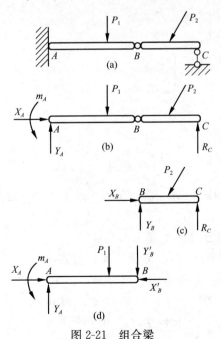

图 2-21　组合梁

系统。如图 2-21（a）所示的组合梁、如图 2-22（a）所示的三铰刚架等都是由几个物体组成的物体系统。

研究物体系统的平衡时，不仅要求解支座反力，而且还需要计算系统内各物体之间的相互作用力。我们将作用在物体上的力分为内力和外力。所谓外力，就是系统以外的其他物体作用在这个系统上的力；所谓内力，就是系统内各物体之间相互作用的力。如图 2-21（b）所示，荷载及 A、C 支座处的反力就是组合梁的外力，而在铰 B 处左右两段梁之间的相互作用力就是组合梁的内力。应当注意，内力和外力是相对的概念，也就是相对所取的研究对象而言。例如图 2-21（b）所示组合梁在铰 B 处的约束反力，对组合梁的整体而言，就是内力；而对图 2-21（c）、（d）所示的左、右两段梁来说，B 点处的约束反力被暴露出来，就成为外力了。

当物体系平衡时，组成该系统的每一个物体也都

处于平衡状态，因此对于每一个受平面一般力系作用的物体，均可写出三个平衡方程。若由 n 个物体组成的物体系统，则共有 $3n$ 个独立的平衡方程。如系统中有的物体受平面汇交力系或平面平行力系作用时，则系统的平衡方程数目相应减少。当系统中的未知力数目等于独立平衡方程的数目时，则所有未知力都能由平衡方程求出，这样的问题称为静定问题。显然前面列举的各例都是静定问题。在工程实际中，有时为了提高结构的承载能力，常常增加多余的约束，因而使这些结构的未知力的数目多于平衡方程的数目。未知量就不能全部由平衡方程求出，这样的问题称为静不定问题或超静定问题。这里只研究静定问题。

求解物体系统的平衡问题，关键在于恰当地选取研究对象，正确地选取投影轴和矩心，列出适当的平衡方程。总的原则是：尽可能地减少每一个平衡方程中的未知量，最好是每个方程只含有一个未知量，以避免求解联立方程。例如，对于图 2-21 所示的组合梁，就适合于先取附属 BC 部分作为研究对象，列出平衡方程，解出部分未知量；再从系统中选取基本部分或整个系统作为研究对象，列出平衡方程，求出其余的未知量。对于图 2-22（a）所示的三铰刚架，就适合于先取整体为研究对象，如图 2-22（b）所示，对 A、B 两点列力矩方程，求出两个竖向反力 Y_A、Y_B 后，再取 AC 或 CB 部分刚架为研究对象，如图 2-22（c）、（d）所示，求出其余约束反力。下面举例说明求解物体系统平衡问题的方法。

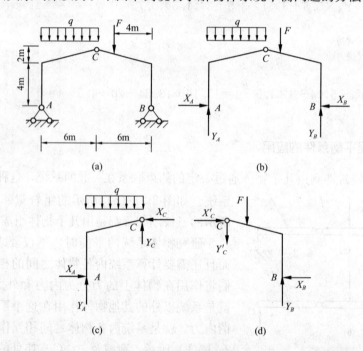

图 2-22　三铰刚架

【例 2-7】　组合梁受荷载如图 2-23 所示。已知 $q=4\text{kN/m}$，$F_p=20\text{kN}$，求支座 A、B、D 的反力。

【解】　组合梁由 AC、CD 在 C 处用铰链连接并支撑于 3 个支座上而构成。

若取整个梁为研究对象，其受力图如图 2-23（d）所示。由受力图可知，它在平面平行力系作用下平衡，有 F_A、F_B 和 F_D 共三个未知量，而独立的平衡方程只有两个，不能求解。因而需要将梁从铰 C 处拆开，分别考虑 CD 段和 AC 段的平衡，它们的受力图如图 2-23（b）、（c）所示。梁 CD 的力系是平面平行力系，只有两个未知量，应用平衡方程可求得

F_D，F_D 求出后，再考虑整体平衡，如图 2-23 (d) 所示，F_A 和 F_B 也可求出。

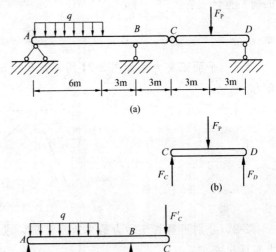

（1）取梁 CD 段为研究对象，如图 2-23 (b) 所示。

由 $\sum M_C = 0$，$F_D \times 6 - F_p \times 3 = 0$

得 $F_D = \dfrac{F_p}{2} = \dfrac{20}{2} = 10$（kN）

（2）取整个组合梁为研究对象，如图 2-23 (d) 所示。

由 $\sum M_A = 0$，$F_B \times 9 + F_D \times 18 - q \times 6 \times 3 - F_p \times 15 = 0$

得 $F_B = \dfrac{18q + 15F_p - 18F_D}{9} =$

$\dfrac{18 \times 4 + 15 \times 20 - 18 \times 10}{9} = 21.3$（kN）

由 $\sum M_B = 0$，$q \times 6 \times 6 - F_p \times 6 - F_A \times 9 + F_D \times 9 = 0$

得 $F_A = \dfrac{36q - 6F_p + 9F_D}{9} =$

$\dfrac{36 \times 4 - 6 \times 20 + 9 \times 10}{9} = 12.7$（kN）

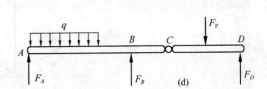

图 2-23　例 2-7 图

校核：对整个组合梁，如图 2-23 (d) 所示，列出

$$\sum F_y = F_A + F_B + F_D - q \times 6 - F_p = 12.7 + 21.3 + 10 - 4 \times 6 - 20 = 0$$

可见，计算正确。

此题还可以先取梁 CD 为研究对象，求解 F_C 和 F_D；再取梁 AC 段为研究对象，求解 F_A、F_B，其计算结果相同。但上述我们所使用的方法，计算更简单一些，读者可自行验算一下。

上岗工作要点

1. 在实际工作中，掌握平面汇交力系的合成与平衡条件，并能熟练应用。

2. 在实际工作中，掌握平面力偶系的合成与平衡条件，并能熟练应用。

3. 在实际工作中，了解平面一般力系的合成与平衡条件，并能熟练应用。

思　考　题

2-1　合力与投影的异同点有哪些？

2-2　用解析法求解平面汇交力系的平衡问题时，应注意什么？

2-3　用合力投影定理求解平面汇交力系的合成问题，其优点是什么？

2-4　怎样理解平面汇交力系和平面平行力系是平面一般力系的特例？

2-5　平面一般力系的平衡方程有几种形式？应用时应注意什么？

2-6　对于由 n 个物体组成的物体系统，便可列出 $3n$ 个独立的平衡方程。这种说法是否正确？为什么？

习　　题

2-1　平面汇交力系如图 2-24 所示，$F_1=500\text{N}$，$F_2=250\text{N}$，$F_3=300\text{N}$。试求此力系的合力。

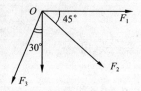

图 2-24　习题 2-1 图

2-2　分别用解析法和力的多边形法则，求如图 2-25 所示平面汇交力系的合力，并在图上表示出来。

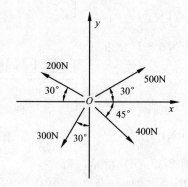

图 2-25　习题 2-2 图

2-3　如图 2-26 所示，拖动汽车需要用力 $F=10\text{kN}$，若现在改用两个力 F_1 和 F_2，已知 F_1 与汽车方向的夹角为 $\alpha=30°$，分别用几何法和解析法求解：

（1）若已知另外一个作用力 F_2 与汽车前进方向的夹角为 $\beta=20°$，试确定 F_1 和 F_2 的大小。

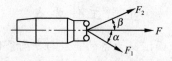

图 2-26　习题 2-3 图

（2）若想要使 F_2 为最小，试确定夹角 β 以及力 F_1 和 F_2 的大小。

2-4　计算图 2-27 中 F 对 O 点之矩。

2-5　一个 2kN 的力作用在 A 点，方向如图 2-28 所示。求：

（1）此力对 O 点之矩。

（2）在 A 点作用多大的水平力，可使它对 O 点的矩与（1）中的力矩相同。

（3）要得到与（1）中对 O 点的同样的力矩，求在 A 点应加的最小的力。

（4）2.4kN 的铅垂力应加在杆上的哪一点，使它对 O 点的矩可与（1）相同。

2-6　如图 2-29 所示，已知挡土墙中 $G_1=100\text{kN}$，垂直土压力 $G_2=150\text{kN}$，水平压力 $P=100\text{kN}$，试验算此挡土墙是否会倾倒？

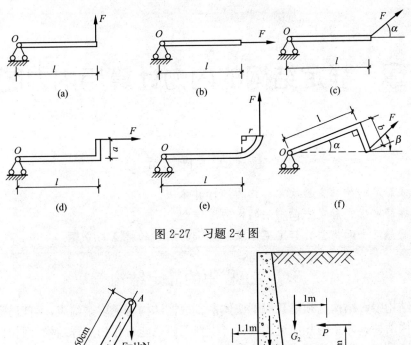

图 2-27 习题 2-4 图

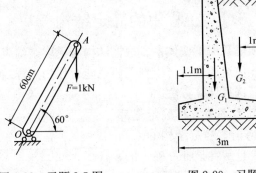

图 2-28 习题 2-5 图　　　　　图 2-29 习题 2-6 图

2-7　如图 2-30 所示，为一悬臂式起重机，A、C 处都是固定铰支座，B 处是铰链连接。梁 AB 自重 $W_1 = 2\mathrm{kN}$，提升重力 $W_2 = 10\mathrm{kN}$，杆 BC 的自重忽略不计，试求支座 A 的反力和杆 BC 所受的力。

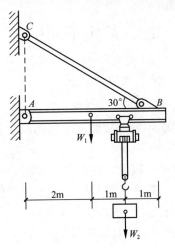

图 2-30 习题 2-7 图

第3章 静定结构的内力计算与内力图绘制

3.1 工程中的静定结构

在建筑结构中，结构必须是几何不变体系。根据结构有无多余约束，可以分为静定结构和超静定结构两种。体系的几何组成分析可以判别体系能否作为工程结构，同时还能够判断结构是静定还是超静定，从而选择计算方法。

由静力学知，凡可以用静力平衡方程确定全部反力和内力的结构都是静定结构。静定结构的未知量数目与独立方程数目相等，且解答是唯一确定的，这是静定结构的静力性质。从几何组成性质上，静定结构是无多余约束的几何不变体系。如图 3-1 所示，简支梁是静定结构，它的 3 个反力可由力系的 3 个平衡方程 $\sum F_x = 0$，$\sum F_y = 0$，$\sum M = 0$ 唯一求出，并进而可用界面法求梁的内力。

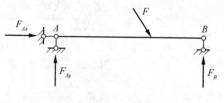

图 3-1 静定结构

3.2 静定平面桁架

3.2.1 桁架的特点与分类

（1）桁架的特点

桁架是由若干根直杆在其两端用铰连接而成的结构。在建筑工程中，常用于跨度较大的结构。

实际桁架的受力情况比较复杂，因此，在分析桁架时必须选取既能反映桁架的本质又便于计算的计算简图。通常对平面桁架的计算简图作如下三条假定（图 3-2）：

1）各杆的两端用绝对光滑而无摩擦的理想铰连接；
2）各杆轴均为直线，在同一平面内且通过铰的中心；
3）荷载均作用在桁架节点上。

必须强调的是，实际桁架与上述理想桁架存在一定的差距。比如桁架节点可能具有一定的刚性，有些杆件在节点处是连续不断的，杆的轴线也不完全为直线，节点上各杆轴线也不交于一点，存在着类似于杆件自重、风荷载、雪荷载等非节点荷载等。因

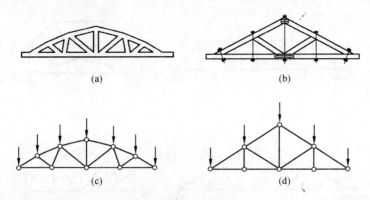

图 3-2 计算简图

此，通常把按理想桁架算得的内力称为主内力（轴力），而把上述一些原因所产生的内力称为次内力（弯矩、剪力）。此外，工程中通常是将几片桁架联合组成一个空间结构来共同承受荷载，计算时，一般是将空间结构简化为平面桁架进行计算，而不考虑各片桁架间的相互影响。

在理想桁架情况下，各杆均为二力杆，所以其受力特点是：各杆只受轴力作用。这样，杆件横截面上的应力分布均匀，使材料能得到充分利用。因此，在建筑工程中，桁架结构得到广泛的应用。如屋架、施工托架等。

（2）桁架的分类

杆轴线、荷载作用线都在同一平面内的桁架称为平面桁架。下面根据不同特征对静定平面桁架进行分类：

1）按照桁架的外形分类

①平行弦桁架：如图 3-3（a）所示。

②折线形桁架：如图 3-3（b）所示。

③三角形桁架：如图 3-3（c）所示。

④梯形桁架：如图 3-3（d）所示。

⑤抛物线形桁架：如图 3-3（e）所示。

2）按照竖向荷载引起的支座反力的特点分类

①梁式桁架：只产生竖向支座反力，如图 3-3（a）、（b）、（c）、（d）、（e）所示。

②拱式桁架：除产生竖向支座反力外还产生水平推力，如图 3-3（f）所示。

3）按照桁架的几何组成分类

①简单桁架：以一个基本铰结三角形为基础，依次增加二元体而组成的几何不变且无多余联系的桁架，如图 3-3（a）、（d）、（e）所示。

②联合桁架：由几个简单桁架组成的几何不变的静定桁架，如图 3-3（c）、（f）所示。

③复杂桁架：不属于简单桁架和联合桁架的桁架即为复杂桁架，如图 3-3（b）所示。

4）按照桁架的维数分类

①平面（二维）桁架：所有组成桁架的杆件以及荷载的作用线都在同一平面内。

②空间（三维）桁架：组成桁架的杆件不都在同一平面内。

另外，在工程中根据所用材料不同，静定平面桁架有钢筋混凝土桁架、钢桁架、钢木桁架、木桁架等。

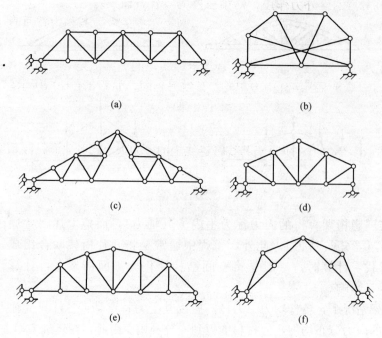

图 3-3　几种平面桁架

3.2.2　简单桁架的内力计算

3.2.2.1　节点法计算桁架内力

按照一定的顺序截取桁架的节点为隔离体，考虑作用在这个节点上的外力和内力的平衡，由平衡条件解出桁架各杆的内力，这种方法称为节点法。节点法适于求解简单桁架的各杆内力。

由于桁架的杆件都相交于节点，荷载又是作用在节点上，每一个节点隔离体上的荷载和内力构成一平衡的平面汇交力系，所以，就每一节点只能列出两个独立平衡方程，求解两个未知力。因此，用节点法求桁架内力时，应选择从未知力不多于两个的节点开始，按此原则依次对各节点进行计算，直至把所有的内力都计算出来。

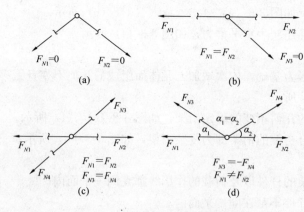

图 3-4　节点平衡的几种特殊情况

在具体计算时，我们规定内力符号以杆件受拉为正，受压为负。节点隔离体上拉力的指向是离开节点的，而压力的指向是指向节点的。

节点平衡的几种特殊情况（图 3-4）：

1）不在一直线上的两杆相交于一个节点，且此节点上无外力的作用时，此两杆的内力为零。凡内力为零的杆称为零杆，如图 3-4（a）所示。如果有外力作用，且外力沿其中一杆作用，则另一杆轴力为零。

2）三杆相交于一节点，其中两杆

在一直线上，且节点上无外力作用，则第三杆为零杆，而共线的两杆内力相等，且符号相同，如图 3-4（b）所示。如果有外力作用时，则第三杆的内力与外力在垂直于共杆连线上的分力在数值上相等，而第三杆内力的分力方向与荷载的分力方向相反。

3）四杆相交的节点，其中两杆在一直线上，其他两杆又在另一直线上，且节点上无外力作用，则在同一直线上的两杆内力相等，且符号相同，如图 3-4（c）所示。

4）四杆相交的节点，其中两杆共线，而另两杆在此直线的同一侧，且 $\alpha_1 = \alpha_2$，又此节点上无外力作用，则不共线的两杆内力大小相等，而符号相反，如图 3-4（d）所示。如果 $\alpha_1 \neq \alpha_2$，不共线的两杆内力在垂直于共线杆连线上的分力大小相等，而符号相反。

上述这些节点平衡的特殊情况的结论，可由节点的平衡条件得到证明。

一般情况下节点法计算桁架内力的步骤如下：

1）求解支座反力。一般要进行零杆判断，判定零杆可以大大简化求解，但因几何组成的不同而不一定是必需的。

零杆的判断：

①不共线两杆节点，无外力作用，则此两杆都是零杆，如图 3-4（a）所示。

②三杆节点，无外力作用，如果其中两杆共线，则第三杆是零杆，如图 3-4（b）所示。

2）再选取只含两个未知力的节点。顺次取两个未知力的节点隔离体可求解每个杆的内力。

3）节点隔离体中，未知轴力设为拉力（正），结果为负时表示与所设方向相反。已知力一般按实际方向画，标注其数值的绝对值，则平衡方程建立时看图确定其正负。

【例 3-1】 试求图 3-5（a）所示桁架的各杆内力。

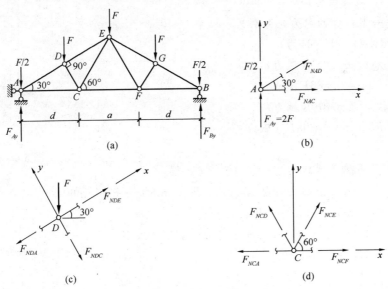

图 3-5 例 3-1 图

【解】

（1）求支座反力

由于此桁架结构及荷载是对称的，所以 A 和 B 支座反力为：

$$F_{Ay} = F_{By} = 2F \ (\uparrow)$$

（2）求各杆内力

由于对称关系，桁架左右两边对称杆件的内力也是相等的，所以，只需要先从节点 A 开始，因在该节点上只有两个未知内力 F_{NAC} 和 F_{NAD}。取节点 A 为隔离体，如图 3-5（b）所

51

示，由节点 A 的平衡条件，即：

$$\sum y = 0, \quad 2F - \frac{F}{2} + F_{NAD}\sin30° = 0$$

$$F_{NAD} = \frac{-1.5F}{\sin30°} = -3F \text{（压力）}$$

$$\sum x = 0, \quad F_{NAC} + F_{NAD}\cos30° = 0$$

$$F_{NAC} = -F_{NAD}\cos30° = -(-3F) \times 0.866 = 2.598F \text{（拉力）}$$

然后，取 D 节点为隔离体，如图 3-5（c）所示。为了使列出的平衡方程中只包含一个未知力，避免解联立方程，取 x 轴与未知力 F_{NDE} 方向一致，y 轴正好与 F_{NDC} 重合，由

$$\sum y = 0, \quad -F\cos30° - F_{NDC} = 0$$

$$F_{NDC} = -0.866F \text{（压力）}$$

$$\sum x = 0, \quad F_{NDE} - F_{NDA} - F \cdot \sin30° = 0$$

$$F_{NDE} = F_{NDA} + F\sin30° = -3F + 0.5F = -2.5F \text{（压力）}$$

最后，取 C 节点为隔离体，如图 3-5（d）所示，由

$$\sum y = 0, \quad F_{NCD}\sin60° + F_{NCE}\sin60° = 0$$

$$F_{NCE} = -F_{NCD} = -(-0.866F) = 0.866F \text{（压力）}$$

$$\sum x = 0, \quad F_{NCF} + F_{NCE}\cos60° - F_{NCD}\cos60° - F_{NCA} = 0$$

$$F_{NCF} = -F_{NCE}\cos60° + F_{NCD}\cos60° + F_{NCA}$$
$$= -0.866F \times 0.5 + (-0.866F) \times 0.5 + 2.598F$$
$$= 1.732F \text{（拉力）}$$

桁架右边一半杆件的内力，分别为

$$F_{NBG} = F_{NAD} = -3F \text{（拉力）}$$

$$F_{NDE} = F_{NGE} = -2.5F \text{（压力）}$$

$$F_{NCE} = -F_{NFE} = 0.866F \text{（拉力）}$$

$$F_{NBF} = F_{NAC} = 2.598F \text{（拉力）}$$

$$F_{NDC} = -F_{NGF} = -0.866F \text{（压力）}$$

（3）校核

可取节点 E 为隔离体，由 $\sum y = 0$（图 3-6）得：

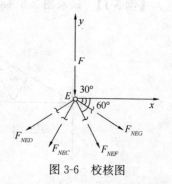

图 3-6　校核图

$$\sum y = -F - F_{NED}\sin30° - F_{NEG}\sin30° - F_{NEC}\sin60° - F_{NEF}\sin60°$$
$$= -F - 2F_{NED}\sin30° - 2F_{NEC}\sin60°$$
$$= -F - 2(-2.5)F \times 0.5 - 2 \times 0.866F \times 0.866$$
$$= -F + 2.5F - 1.5F$$
$$= 0$$

所以，计算无误。

3.2.2.2　截面法计算桁架内力

用节点法计算桁架的内力时，是按一定顺序逐个节点进行计算，这种方法前后计算相互影响，即后一节点的计算要用到前一节点计算的结果。若前面的计算有误，就会影响到后面的计算结果。另外，当桁架节点数目较多，而问题又只要求计算桁架中的某几根杆件的内力时，用节点法求解就显得繁琐了。

下面介绍另一种求解杆件内力的方法——截面法。

截面法就是用一个截面截断若干根杆件将整个桁架分为两部分，并任取其中一部分（它包括若干节点在内）作为隔离体，建立平衡方程求出所截断杆件的内力。显然，作用于隔离体上的力系，通常为平面一般力系。因此，只要此隔离体上的未知力数目不多于三个，则可直接把截面上的全部未知力求出。

用截面切断拟求构件，将桁架分为两部分，取其中一部分为隔离体，得平面任意力系，适于求解指定某几个构件的内力。切断杆件所得内力，与其同侧的外力、支座反力组成一平面的任意力系，有三个独立的平衡方程，可解三个未知力。截面切断的未知内力的杆件一般不超过三个；切断的杆件内力仍设为正方向。

计算联合桁架时，应首先考虑采用截面法。例如图 3-7 所示桁架都是联合桁架。这些联合桁架都是由两个简单桁架用三根连接杆 1、2、3 装配而成的，应该采用截面法并从计算三根链杆的轴力开始。

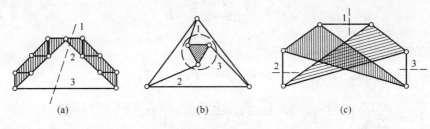

(a)   (b)   (c)

图 3-7　联合桁架

3.2.2.3　节点法与截面法的联合应用

上面分别介绍了计算桁架内力的两种基本方法：节点法和截面法。对联合桁架和复合桁架在具体计算其内力时，需要将两种方法交替使用，也就是节点法与截面法的联合应用，计算起来更加简便，下面我们通过具体的例子来说明。

【例 3-2】　求如图 3-8 （a）所示桁架中 1、2、3 杆的轴力。

【解】

（1）计算支座反力：以节点 A 为研究对象有

$$F_B \times 18 - F \times 3 - F \times 6 - F \times 9 - F \times 12 - F \times 15 = 0$$

求得

$$F_B = \frac{5}{2}F$$

同理可求得

$$F_{Ay} = F_B = \frac{5}{2}F$$

（2）轴力计算：

1）用 Ⅰ—Ⅰ 截面截取左边部分为隔离体，如图 3-8 （b）所示，由 $\sum F_y = 0$ 得：

$$\frac{5}{2}F - 2F + F_2 \cos\alpha - F_4 \cos\alpha = 0$$

此式有两个未知数，需联立其他方程。

2）取节点 K 为隔离体，如图 3-8 （c）所示，由 $\sum F_x = 0$，可得：

$$F_2 = -F_4$$

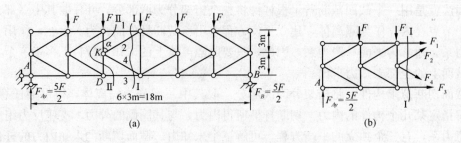

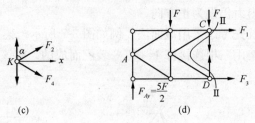

图 3-8 例 3-2 图

联解式 $\dfrac{5}{2}F - 2F + F_2\cos\alpha - F_4\cos\alpha = 0$ 和式 $F_2 = -F_4$，可得：

$$F_2 = -F_4 = \frac{1}{2\cos\alpha}\left(-\frac{F}{2}\right) = \frac{1}{2\times\dfrac{3}{3\sqrt{2}}}\left(-\frac{F}{2}\right) = -\frac{\sqrt{2}}{4}F$$

3）取 Ⅱ—Ⅱ 截面左边部分为隔离体，如图 3-8（d）所示，力矩平衡条件

$$\sum M_C = 0 \quad -\frac{5}{2}F\times 6 + F\times 3 + F_3\times 6 = 0$$

$$\sum M_D = 0 \quad -\frac{5}{2}F\times 6 + F\times 3 - F_1\times 6 = 0$$

可解得

$$F_1 = -2F$$

$$F_3 = 2F$$

3.3 静 定 梁

3.3.1 梁的特点与分类

（1）梁的特点

构件的弯曲变形是工程中常见的，也是重要的基本变形。如图 3-9 中桥式吊车梁、图 3-10 中支架的横梁、图 3-11 中的管道梁、图 3-12 中的楼面梁等，都是工程中受弯曲的实例。

由以上实例可见，当杆件受到垂直于杆轴的外力或在杆轴平面内受到外力偶作用时，杆的轴线将由直线变为曲线，这种变形称为弯曲变形。发生弯曲变形或以弯曲变形为主的构件，通称为梁。

（2）梁的分类

梁的结构形式很多，根据梁的支座反力能否全部由静力平衡条件确定，将梁分为静定梁和超静定梁。静定梁又可分为单跨静定梁和多跨静定梁。

工程中对于单跨静定梁，按其支座情况可分为以下三种基本类型：

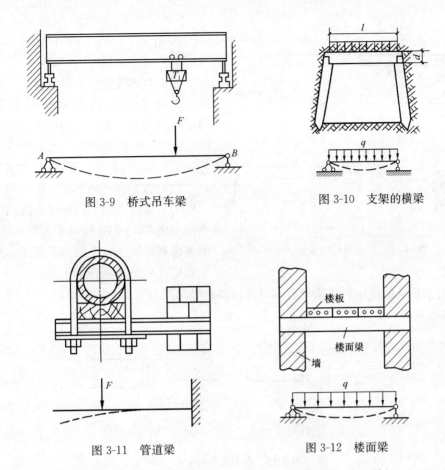

图 3-9　桥式吊车梁　　　　　　　　　图 3-10　支架的横梁

图 3-11　管道梁　　　　　　　　　图 3-12　楼面梁

1）简支梁。梁的一端为固定铰支端，另一端为活动铰支座，如图 3-13（a）所示。

2）外伸梁。其支座形式和简支梁相同，但梁的一端或两端伸出支座之外，如图 3-13（b）所示。

3）悬臂梁。梁的一端固定，另一端自由，如图 3-13（c）所示。

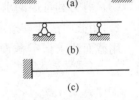

图 3-13　单跨静定梁

3.3.2　梁的内力计算

（1）剪力和弯矩

如图 3-14（a）所示为一简支梁，荷载 F 和支座反力 R_A、R_B 是作用在梁的纵向对称平面内的平衡力系。现用截面法分析任一截面 $m—m$ 上的内力。假想将梁沿 $m—m$ 截面分为两段，现取左段为研究对象，从图 3-14（b）可见，因有支座反力 R_A 作用，为使左段满足 $\sum Y=0$，截面 $m—m$ 上必然有与 R_A 等值、平行且反向的内力 V 存在，这个内力 V，称为剪力；同时，由于 R_A 对截面 $m—m$ 的形心 O 点有一个力矩 $R_A \cdot a$ 的作用，为满足 $\sum M_O=0$，截面 $m—m$ 上也必然有一个与力矩 $R_A \cdot a$ 大小相等且转向相反的内力偶矩 M 存在，这个内力偶矩 M 称为弯矩。由此可见，梁发生弯曲时，横截面上同时存在两个内力素，即剪力和弯矩。

剪力的常用单位为 N 或 kN，弯矩的常用单位为 N・m 或 kN・m。

剪力和弯矩的大小，可由左段梁的静力平衡方程求得，即：

55

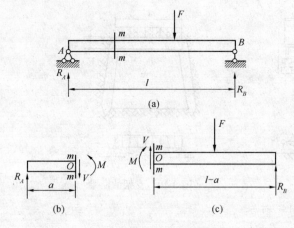

图 3-14　剪力和弯矩示意

$$\sum Y = 0, R_A - V = 0, 得\ V = R_A$$
$$\sum M_O = 0, -R_A \cdot a + M = 0, 得$$
$$M = R_A \cdot a$$

如果取右段梁作为研究对象，同样可求得截面 $m—m$ 上的 V 和 M，根据作用与反作用力的关系，它们与从左段梁求出 $m—m$ 截面上的 V 和 M 大小相等，方向相反，如图 3-14（c）所示。

（2）剪力和弯矩的正、负号规定

为了使从左、右两段梁求得同一截面上的剪力 V 和弯矩 M 具有相同的正负号，并考虑到建筑工程上的习惯要求，对剪力和弯矩的正负号特作如下规定：

1）剪力正负号的规定：使梁段有顺时针转动趋势的剪力为正，如图 3-15（a）所示；反之为负，如图 3-15（b）所示。

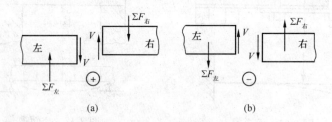

图 3-15　剪力正负号示意

2）弯矩正负号的规定：使梁段产生下侧受拉的弯矩为正，如图 3-16（a）所示；反之为负，如图 3-16（b）所示。

（3）剪力和弯矩的求法

1）用截面法计算指定截面上的剪力和弯矩

用截面法求指定截面上的剪力和弯矩的步骤如下：

①计算支座反力。

②用假想的截面在需求内力处将梁截成两段，取其中任一段为研究对象。

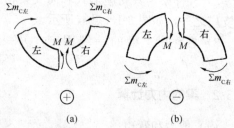

图 3-16　弯矩的正负号示意

③画出研究对象的受力图（截面上的 V 和 M 都先假设为正的方向）。

④建立平衡方程，解出内力。

【例 3-3】　简支梁如图 3-17（a）所示。已知 $F_1 = 40\text{kN}$，$F_2 = 40\text{kN}$，试求截面 $l—l$ 上的剪力和弯矩。

【解】

（1）求支座反力，考虑梁的整体平衡

$$\sum M_B = 0 \quad F_1 \times 10 + F_2 \times 4 - R_A \times 12 = 0$$
$$\sum M_A = 0 \quad -F_1 \times 2 - F_2 \times 8 + R_B \times 12 = 0$$

得　$R_A = 46.7\text{kN}(\uparrow)$，$R_B = 33.3\text{kN}(\uparrow)$

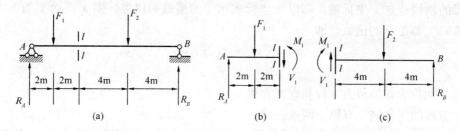

图 3-17　例 3-3 图

校核　$\sum Y = R_A + R_B - F_1 - F_2 = 46.7 + 33.3 - 40 - 40 = 0$

（2）求截面 $l—l$ 上的内力

在截面 $l—l$ 处将梁截开，取左段梁为研究对象，画出其受力图，内力 V_1 和 M_1 均先假设为正的方向，如图 3-17（b）所示，列平衡方程：

$\sum Y = 0$　$R_A - F_1 - V_1 = 0$

$\sum M_1 = 0$　$4R_A - 2F_1 - M_1 = 0$

得

$V_1 = R_A - F_1 = 46.7 - 40 = 6.7 \text{(kN)}$

$M_1 = 4R_A - 2F_1 = 4 \times 46.7 - 2 \times 40 = 106.8 \text{(kN·m)}$

求得 V_1 和 M_1 均为正值，表示截面侧内力的实际方向与假定的方向相同；按内力的符号规定，剪力、弯矩都是正的。所以，画受力图时一定要先假设内力为正的方向，由平衡方程求得结果的正负号，就能直接代表内力本身的正负。

如取 $l—l$ 截面右段梁为研究对象，如图 3-17（c）所示，可得出同样的结果。

2）用简易法求剪力和弯矩

①剪力的规律

计算剪力是对截面左（或右）段梁建立投影方程，经过移项后可得

$$V = \sum Y_{左} \text{ 或 } V = \sum Y_{右} \qquad (3-1)$$

上两式说明：梁内任一横截面上的剪力在数值上等于该截面一侧所有外力在垂直于轴线方向投影的代数和。若外力对所求截面产生顺时针方向转动趋势时，其投影取正号，如图 3-15（a）所示；反之取负号，如图 3-15（b）所示。此规律可记为"顺转剪力正"。

②求弯矩的规律

计算弯矩是对截面左（或右）段梁建立力矩方程，经过移项后可得

$$M = \sum M_{左} \text{ 或 } M = \sum M_{右} \qquad (3-2)$$

上两式说明：梁内任一横截面上的弯矩在数值上等于该截面一侧所有外力（包括力偶）对该截面形心力矩的代数和。将所求截面固定，若外力矩使所考虑的梁段产生下凸弯曲变形时（即上部受压，下部受拉），等式右方取正号，如图 3-16（a）所示；反之，取负号，如图 3-16（b）所示。此规律可记为"下凸弯矩正"。

利用上述规律直接由外力求梁内力的方法称为简易法。用简易法求内力可以省去画受力图和列平衡方程从而简化计算过程。

3.3.3　梁的内力图绘制

（1）用方程法作梁的内力图

57

沿梁的轴线建立 x 坐标轴，即以 x 坐标表示梁的横截面位置，则 x 截面上的剪力 $V(x)$ 和弯矩 $M(x)$ 都是 x 的函数，即

$$\left.\begin{array}{l} V(x) = f_1(x) \\ M(x) = f_2(x) \end{array}\right\} \tag{3-3}$$

以上两式分别称为梁的剪力方程和弯矩方程。

关于方程的定义域，有以下两点说明：

1）梁的端截面是端面的内侧相邻截面，端面不是截面，因此不应包括在内力方程的定义域中。

2）集中力作用处的截面，实际上是分布力作用的一个小范围内的许多截面，此处剪力是变化的，无定值。因此，集中力作用处的截面不应包括在剪力方程的定义域中。同理，集中力偶作用处的截面不应包括在弯矩方程的定义域中。

与轴心力图和扭矩图相类似，以平行于梁轴线的横坐标轴 x 表示各横截面位置，以纵坐标表示剪力 V 或弯矩 M，这样绘出的图就是剪力图（ V 图）或弯矩图（ M 图）。

建筑工程中用的弯矩图，都应把各截面处的弯矩画在该处受拉的一边。由于已规定使下方受拉的弯矩为正弯矩，因此正弯矩应画在该处的下方，而负弯矩则画在该处的上方。又由于根据计算方法的需要，弯矩有与此不同的正负规定，因此弯矩图上不应标⊕或⊖号。

写方程法，是作梁的内力图的基本方法，下面通过例题来具体说明。

【例 3-4】 求作图 3-18（a）所示简支梁的内力图。

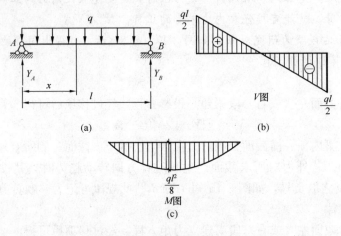

图 3-18 例 3-4 图

【解】

（1）求支座反力

由梁整体的 $\sum M_B = 0$ 及 $\sum Y = 0$，得

$$Y_A = Y_B = \frac{ql}{2}$$

（2）写内力方程

如图 3-18 所示的 x 表示是以 A 为坐标原点取任意 x 截面。由该截面以左写出剪力方程和弯矩方程为

$$V(x) = Y_A - qx = \frac{ql}{2} - qx \,(0 < x < l)$$

$$M(x) = Y_A x - qx\frac{x}{2} = \frac{ql}{2}x - \frac{q}{2}x^2 \quad (0 \leqslant x \leqslant l)$$

（3）由方程计算各横截面的内力值

该梁的剪力方程是一次方程，图线是直线，因此只需求出两个点即可作图。而弯矩方程是二次方程，图线是二次抛物线，因此必须求出三个点才能作图。计算如下：

当 $x \to 0$ 时　$V_x = \dfrac{ql}{2}$

当 $x \to l$ 时　$V_x = \dfrac{ql}{2} - ql = -\dfrac{ql}{2}$

当 $x \to 0$ 时　$M_x = 0$

当 $x \to l$ 时　$M_x = \dfrac{ql}{2}l - \dfrac{q}{2}l^2 = 0$

当 $x \to \dfrac{l}{2}$ 时　$M_{\text{中}} = \dfrac{ql}{2} \times \dfrac{l}{2} - \dfrac{q}{2}\left(\dfrac{l}{2}\right)^2 = \dfrac{ql^2}{8}$（下方受拉）

（4）照各内力值做内力图

首先画出所算各截面处的纵标线，然后绘制直线或曲线，即得 V 图和 M 图，如图 3-18（b）和图 3-18（c）所示。

【例 3-5】　求作图 3-19（a）所示梁的内力图。

【解】

（1）求得支座反力

$$Y_A = \frac{Pb}{l}, Y_B = \frac{Pa}{l}$$

（2）因为 AC、CB 两段梁的内力方程不相同，所以必须分段写出。设 x_1、x_2 分别表示 AC 段、CB 段上的任意截面，两段的内力方程分别为

AC 段：

$$V(x_1) = Y_A = \frac{Pb}{l} \quad (0 < x_1 < a)$$

$$M(x_1) = Y_A x_1 = \frac{Pb}{l}x_1 \quad (0 \leqslant x_1 \leqslant a)$$

CB 段：

$$V(x_2) = Y_A - P = \frac{Pb}{l} - P = -\frac{Pa}{l} \quad (a < x_2 < l)$$

$$M(x_2) = Y_A x_2 - P(x_2 - a) = \frac{Pb}{l}x_2 - P(x_2 - a) \quad (a \leqslant x_2 \leqslant l)$$

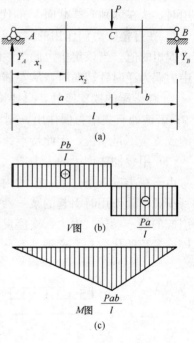

图 3-19　例 3-5 图

（3）属于哪一段的截面，就用哪一段的方程计算。应注意在集中力 P 作用的 C 截面处，V_C 无定值，故必须分别计算 V_{CA} 和 V_{CB}；而 $M_C = M_{CA} = M_{CB}$，故只需计算 M_C，并可用任意一段的方程计算。

V 值：

$$V_{AC} = V_{CA} = \frac{Pb}{l}$$

$$V_{BC} = V_{CB} = -\frac{Pa}{l}$$

M 值：
$$M_{AC} = 0$$

$$M_C = \frac{Pab}{l}$$

$$M_{BC} = \frac{Pb}{l}l - P(l-a) = 0$$

（4）照值作出 V 图和 M 图，如图 3-19（b）和图 3-19（c）所示。

从以上的例题可以看到，在梁的集中荷载及支座处，截面的内力有下述几个特点：

1）在有集中力作用的横截面处，剪力 V 无定值，发生突变。变化的大小就是该处集中力的数值。当该集中力向上作用时，从左邻到右邻截面 V 的代数值增大；当该集中力向下作用时，从左邻到右邻截面 V 的代数值减小。

2）在有集中力偶作用的横截面处，弯矩 M 无定值，发生突变。变化的大小就是该处集中力偶矩的值。当该集中力偶为顺时针转向时，从左邻到右邻截面 M 的代数值增大；当该集中力偶为逆时针转向时，从左邻到右邻截面 M 的代数值减小。

3）在梁端的铰支座处，只要该处无集中力偶作用，则梁端铰内侧截面的弯矩 M 一定等于 0；若该处有集中力偶作用，则 M 值一定等于这个集中外力偶矩。应注意，外伸梁外伸处的铰支座不是端铰，无此特点。

（2）用叠加法作梁的内力图

由于在小变形条件下，梁的内力、支座反力、应力和变形等参数均与荷载呈线性关系，每一荷载单独作用时引起的某一参数不受其他荷载的影响。所以，梁在 n 个荷载共同作用时所引起的某一参数（内力、支座反力、应力和变形等），等于梁在各个荷载单独作用时所引起同一参数的代数和。这种关系称为叠加原理，如图 3-20 所示。

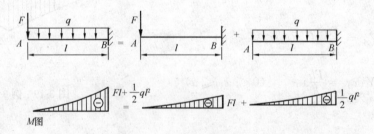

图 3-20　叠加原理示意图

根据叠加原理来绘制梁的内力图的方法称为叠加法。由于剪力图一般比较简单，因此不用叠加法绘制。下面只讨论用叠加法作梁的弯矩图。其方法为：先分别作出梁在每一个荷载单独作用下的弯矩图，然后将各弯矩图中同一截面上的弯矩代数相加，即可得到梁在所有荷载共同作用下的弯矩图。

为了便于应用叠加法绘内力图，在表 3-1 中给出了梁在简单荷载作用下的弯矩图，可供查用。

表 3-1　单跨梁在简单荷载作用下的弯矩图

荷载形式	弯矩图	荷载形式	弯矩图	荷载形式	弯矩图
F, l	Fl	q, l	$\dfrac{ql^2}{2}$	M_0, l	M_0
a F b, l	$\dfrac{Fab}{l}$	q, l	$\dfrac{ql^2}{8}$	a M_0 b, l	$\dfrac{b}{l}M_0$,　$\dfrac{a}{l}M_0$
F, l a	Fa	q, l a	$\dfrac{1}{2}qa^2$	M_0, l a	M_0

（3）用区段叠加法作梁的内力图

上面介绍了利用叠加法画全梁的弯矩图。现在进一步把叠加法推广到画某一段梁的弯矩图，这对画复杂荷载作用下梁的弯矩图和今后画刚架、超静定梁的弯矩图有很大的用处。

图 3-21（a）为一梁承受荷载 F、q 作用，如果已求出该梁截面 A 的弯矩 M_A 和截面 B 的弯矩 M_B，则可取出 AB 段为隔离体，如图 3-21（b）所示，然后根据隔离体的平衡条件分别求出截面 A、B 的剪力 V_A、V_B。将此隔离体与图 3-21（c）的简支梁相比较，由于简支梁受相同的集中力 F 及杆端力偶 M_A、M_B 作用，因此，由简支梁的平衡条件可求得支座反力 $Y_A = V_A$，$Y_B = V_B$。

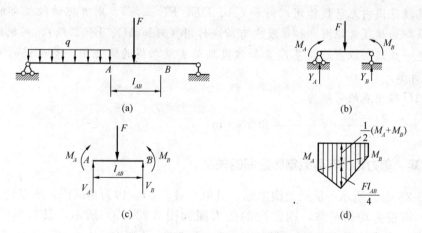

图 3-21　梁承受荷载 F、q 作用图

可见图 3-21（b）与 3-21（c）两者受力完全相同，因此两者弯矩也必然相同。对于图 3-21（c）所示简支梁，可以用上面讲的叠加法作出其弯矩图，如图 3-21（d）所示，因此，可知 AB 段的弯矩图也可用叠加法作出。由此得出结论：任意段梁都可以当作简支梁，并可以利用叠加法来作该段梁的弯矩图。这种利用叠加法作某一段梁弯矩图的方法称为"区段叠加法"。

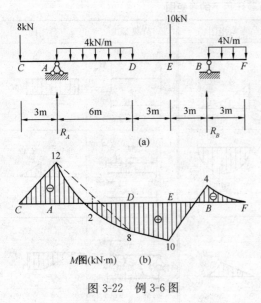

图 3-22 例 3-6 图

【例 3-6】 绘制图 3-22（a）所示梁的弯矩图。

【解】 通过分析题意，我们可知用一般方法作弯矩图较繁琐，现采用区段叠加法来作弯矩图。

（1）计算支座反力。

$$\sum M_B = 0, R_A = 29\text{kN}(\uparrow)$$
$$\sum M_A = 0, R_B = 25\text{kN}(\uparrow)$$

校核：

$$\sum Y = -8 + 29 - 4 \times 6 - 10 + 25 - 4 \times 3 = 0$$

计算无误。

（2）选定外力变化处为控制截面，并求出它们的弯矩。

本例控制截面为 C、A、D、E、B、F 各处，可直接根据外力确定内力的方法求得：

$$M_C = 0$$
$$M_A = -8 \times 3 = -24(\text{kN} \cdot \text{m})$$
$$M_D = -8 \times 9 + 29 \times 6 - 4 \times 6 \times 3 = 30(\text{kN} \cdot \text{m})$$
$$M_E = -4 \times 3 \times 4.5 + 25 \times 3 = 21(\text{kN} \cdot \text{m})$$
$$M_B = -4 \times 3 \times 1.5 = -18(\text{kN} \cdot \text{m})$$
$$M_F = 0$$

（3）把整个梁分为 CB、AD、DE、EB、BF 五段，然后用区段叠加法绘制各段的弯矩图。方法是：先用一定比例绘出 CF 梁各控制截面的弯矩纵标，然后看各段是否有荷载作用，如果某段范围内无荷载作用（例如 CA、DE、EB 三段），则可把该段端部的弯矩纵标连以直线，即为该段弯矩图。如该段内有荷载作用（例如 AD、BF 二段），则把该段端部的弯矩纵标连一虚线，以虚线为基线叠加该段按简支梁求得的弯矩图。整个梁的弯矩图如图 3-22（b）所示。

其中 AD 段中点的弯矩为：

$$M_{AD\text{中}} = \frac{-24 + 30}{2} + \frac{4 \times 6^2}{8} = 8(\text{kN} \cdot \text{m})$$

3.3.4 弯矩、剪力和分布荷载集度之间的关系

如图 3-23（a）所示，从梁上横坐标 x 处取一微段 $\mathrm{d}x$。因为是微段，所以其上的分布荷载（横力）可视为均布荷载，则微段的受力图如图 3-23（b）所示，其右侧的 $\mathrm{d}V(x)$ 及 $\mathrm{d}M(x)$ 是剪力及弯矩微小增量。微段应处于平衡状态，于是有

$$\sum Y = 0 \quad V(x) + q(x)\mathrm{d}x - [V(x) + \mathrm{d}V(x)] = 0$$

得

$$\frac{\mathrm{d}V(x)}{\mathrm{d}x} = q(x) \tag{3-4}$$

$$\sum M_C = 0 \quad [M(x) + \mathrm{d}M(x)] - M(x) - V(x)\mathrm{d}x - q(x)\mathrm{d}x\frac{\mathrm{d}x}{2} = 0$$

略去高阶微量，得

$$\frac{\mathrm{d}M(x)}{\mathrm{d}x} = V(x) \qquad (3-5)$$

再对 x 求导，得

$$\frac{\mathrm{d}^2 V(x)}{\mathrm{d}x^2} = q(x) \qquad (3-6)$$

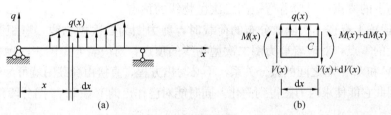

图 3-23 梁坐标图与微分示意

以上三式就是平面弯曲梁的分布荷载集度 $q(x)$、剪力 $V(x)$ 和弯矩 $M(x)$ 三者之间的微分关系，即在梁的任意横截面处，剪力是弯矩对坐标 x 的导数；分布荷载集度是剪力对 x 的导数，是弯矩对 x 的二阶导数。也就是说，弯矩图上某点处切线的斜率，等于该横截面剪力的大小；剪力图上某点处切线的斜率，等于该横截面处分布荷载集度的大小。应注意，以上三式是在这种符号规定下得到的：剪力、弯矩的正负规定同前述；分布荷载以向上为正。

表 3-2 所示为荷载图、剪力图和弯矩图三者之间的微分关系。

表 3-2　荷载图、剪力图和弯矩图三者之间的微分关系

q 图	零	向上的均布荷载			向下的均布荷载			一次函数分布荷载
V 图 水平直线								顶点
M 图 斜直线或水平直线		顶点	顶点	顶点	顶点	顶点	顶点	拐点

从表中可看出下列特点：

1）当某段梁上无分布荷载，即 $q(x)=0$ 时，剪力图为水平直线，弯矩图为斜直线。其中包括：

①当 $V(x)$ 为正常数时，弯矩图为指向右下方的斜直线，即其斜率是正常数。

②当 $V(x)$ 为负常数时，弯矩图为指向右上方的斜直线，即其斜率是负常数。

③当 $V(x)$ 为常数 0 时，弯矩图为水平直线，即其斜率为常数 0。

2）当某段梁上有均布荷载，即 $q(x)$ 为常数时，剪力图为斜直线，弯矩图为二次抛物

线。其中包括：

①当 $q(x)$ 为向上作用的正常数时，剪力图为指向右上方的斜直线，即斜率为正常数；弯矩图为凸向上的二次抛物线，即斜率逐渐增大。

②当 $q(x)$ 为向下作用的负常数时，剪力图为指向右下方的斜直线，即斜率为负常数；弯矩图为凸向下的二次抛物线，即斜率逐渐减小。

③剪力图上的零点，对应着弯矩图二次抛物线的顶点。

3）当某段梁上有按一次函数分布的荷载时，剪力图为二次抛物线，弯矩图为三次抛物线。荷载图上的零点，对应着剪力图二次抛物线的顶点，对应着弯矩图三次抛物线的拐点。

利用 q、V 和 M 三者之间的微分关系，不必写出方程，直接由荷载图就可为梁段的 V 图和 M 图定性。因此它能使求内力图得到简化，同时能对已作出的 V 图和 M 图分段作校核。

3.4　静定平面刚架

3.4.1　刚架的特点与分类

刚架是由若干直杆（梁和柱）组成的具有刚节点的结构（图 3-24）。

1）刚架的特点。从变形的角度看，在刚节点处，各杆端不仅不能发生相对移动，而且不能发生相对转动。例如，图 3-25 所示刚架，刚节点 B 处所连接的杆端，在受力变形时，仍保持与变形前相同的夹角（见图 3-25 中双点画线），但铰节点 C 处则不然。

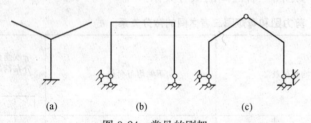

图 3-24　常见的刚架

（a）悬臂刚架；（b）简支刚架；（c）三铰刚架

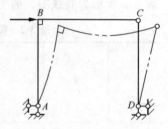

图 3-25　刚架受力变形示意

由于刚节点具有约束杆端相对转动的作用，所以从受力的角度来看，刚节点能承受和传递弯矩，从图 3-25 中可以看出，由于刚节点传递了弯矩而使得结构的受力比较均匀。所以，刚架是建筑工程中应用极为广泛的结构，它分为静定刚架和超静定刚架两种。

2）静定刚架的分类。静定刚架的常见类型有悬臂刚架、简支刚架、三铰刚架和组合刚架，如图 3-24 所示。

静定平面刚架的计算方法与静定梁的类似。一般先由平衡条件求出各支座反力及铰链处的约束力，然后逐杆绘制内力图，即将每一根杆按梁的作法，逐一完成内力图。

在刚架中，剪力与轴力的正负号规定与前面相同。剪力图和轴力图可画在杆件的任一侧，但必须标明正负号。弯矩图规定画在杆件的受拉纤维一侧，图中不标正负号。刚架的内力图的排列顺序是弯矩图、剪力图、轴力图，但若利用荷载、剪力、弯矩之间的关系作图，按习惯可先绘剪力图，后绘制弯矩图、轴力图。

在计算控制截面内力时，为了区分汇交于同一节点处的各杆杆端内力，内力符号常用两个下标：第一个下标表示内力所属截面，第二个下标表示该截面所属杆件的另一端。例如，

M_{AB} 表示 AB 杆的 A 端的弯矩，M_{BA} 表示 AB 杆的 B 端的弯矩，F_{BC} 表示 BC 杆的 B 端的剪力等。

3.4.2 刚架的支座反力

下面以图 3-26（a）所示静定平面刚架为例来说明刚架的支座反力、各杆的杆端内力以及内力图的绘制。

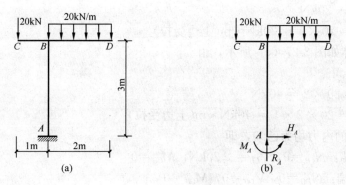

图 3-26 静定平面刚架

取图 3-26 中整个刚架为隔离体，用 H_A，R_A 和 M_A 表示支座的反力和反力矩，如图 3-26（b)所示。

$\sum F_x = 0, H_A = 0$

$\sum F_y = 0, R_A = 60\text{kN}(\uparrow)$

$\sum M_A = 0, M_A = 20 \times 2 \times 1 - 20 \times 1 = 20\text{kN} \cdot \text{m}(\smile)$

3.4.3 刚架各杆的杆端内力

将结构分成三段，即 BA，BC 和 BD，用截面法分别取隔离体，内力 V，N 的方向均假定为正号，M 的方向可任意假定，如图 3-27 所示。在计算内力时，为了使内力的符号不发生混淆，我们在内力符号的右下方加用两个脚标来标明该内力所属的杆，其中，第一个脚标表示该内力所属的杆端截面，第二个脚标表示同一杆的另一端。例如，M_{AB} 和 M_{BA} 分别表示 AB 杆的 A 端和 B 端的弯矩。

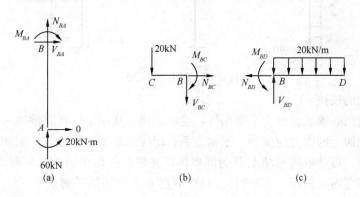

图 3-27 杆端内力示意

BA 段：其隔离体如图 3-27（a）所示，由

65

$$\sum F_x = 0, V_{BA} = 0$$

$$\sum F_y = 0, N_{BA} = -60\text{kN}$$

由　$\sum M_A = 0$ 或 $\sum M_B = 0$

得　$M_{BA} = 20\text{kN}\cdot\text{m}$（左侧受拉）

BC 段：其隔离体如图 3-27（b）所示，由

$$\sum F_x = 0, N_{BC} = 0$$

$$\sum F_y = 0, V_{BC} = -20\text{kN}$$

$$\sum M_B = 0, M_{BC} = 20 \times 1 = 20\text{kN}\cdot\text{m}（上边受拉）$$

BD 段：其隔离体如图 3-27（c）所示，由

$$\sum F_x = 0, N_{BD} = 0$$

$$\sum F_y = 0, V_{BD} = 20 \times 2 = 40\text{kN}$$

$$\sum M_B = 0, M_{BD} = 20 \times 2 \times 1 = 40\text{kN}\cdot\text{m}（上边受拉）$$

端点 C，D 和 A 的内力均为已知，即

　　CB 段的 C 端：$N_{CB}=0$，$V_{CB}=-20\text{kN}$，$M_{CB}=0$

　　DB 段的 D 端：$N_{DB}=0$，$V_{DB}=0$，$M_{DB}=0$

　　AB 段的 A 端：$N_{AB}=-60\text{kN}$，$V_{AB}=0$，$M_{AB}=20\text{kN}\cdot\text{m}$（左侧受拉）

3.4.4 刚架的内力图绘制

（1）内力图的绘制

根据上述所求得的各段杆端内力的大小和方向，可分别绘出 M，V 和 N 图，如图 3-28 所示。作弯矩图时规定画在纤维受拉的一边，在 M 图上不必注明正、负号，而剪力图和轴力图可画在杆件的任一侧，但必须在图上注明正负号，在各内力图上必须标明必要的数据和单位。

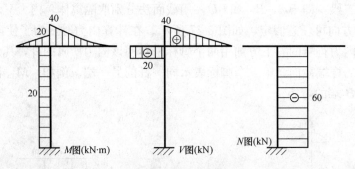

图 3-28　内力图的绘制

（2）内力图的校核

刚架的内力图必须满足静力平衡条件，也就是说，从刚架中任意截取一个隔离体，其上面的外荷载和截面上的内力应成为一平衡力系，即应满足平衡方程式。例如，为了检查所作内力图的正确性，可截取刚架结点 B 为隔离体，并根据已作出的 M，V 和 N 图，标出截面上的内力数值和方向，如图 3-29 所示。检查节点 B 是否满足平衡条件：

$$\left.\begin{array}{l}\sum F_x = 0, N_{BC} + N_{BD} + V_{BA} = 0 \\ \sum F_y = 0, N_{BA} + V_{BC} + V_{BD} = 60 - 20 - 40 = 0 \\ \sum M_B = 0, M_{BA} + M_{BC} + M_{BD} = 20 + 20 - 40 = 0\end{array}\right\} \qquad (3\text{-}7)$$

66

计算结果说明节点 B 是满足平衡条件的，故所得内力图无误。

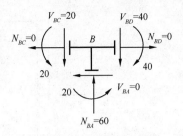

图 3-29　内力图的校核示意

从上例可知，当作弯矩图时，将结构分成若干段，先求出各杆杆端的弯矩，然后绘出弯矩图。当荷载复杂时这样做就不方便，如应用叠加原理（或简称叠加法），可使作弯矩图的过程得到简化。其方法叙述如下：

任一直杆，若已知两点弯矩，则其中间的弯矩图为将该两点弯矩纵标顶点以虚线相连，暂以虚线为基线，叠加相应的简支梁弯矩图。如图 3-30（a）直杆上 AB 段的两端弯矩 M_{AB} 和 M_{BA} 为已求得，要绘 AB 段的弯矩图，以 AB 直杆为隔离体，它在外荷载及 A，B 两端的内力作用下处于平衡状态，如图 3-30（b）所示，因 N_{AB}，N_{BA} 轴力并不影响弯矩图的数值，可去掉不考虑。将已知的 M_{AB} 和 M_{BA} 作为外荷载看待，分别作弯矩图，如图 3-30（c）、（d）所示。然后将此两弯矩图叠加得图 3-30（e）所示的弯矩图，这就是所要绘的 AB 段弯矩图。其中，叠加时注意从虚线中点出发，垂直于杆轴线叠加。

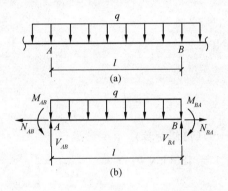

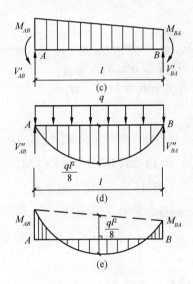

图 3-30　弯矩示意

值得注意的一点是，这种作弯矩图的叠加方法，不仅作图方便，而且对以后利用图乘法（5.3.2 图乘法）计算结构位移时，也提供了便于计算的方法。

【例 3-7】　作如图 3-31（a）所示三铰刚架的内力图。

【解】

（1）求反力

先以整体为研究对象：

由 $\sum M_A = 0$　$F_{By} \times 8 - 30 \times 8 \times 4 = 0$ 得 $F_{By} = 120\text{kN}(\uparrow)$

由 $\sum M_B = 0$　$F_{Ay} \times 8 + 30 \times 8 \times 4 = 0$ 得 $F_{Ay} = -120\text{kN}(\downarrow)$

由 $\sum F_x = 0$　$F_{Ax} + 30 \times 8 - F_{Bx} = 0$

再从中间铰刚架分成两部分，取右侧研究：

由 $\sum M_C = 0$　$120 \times 4 - F_{Bx} \times 8 = 0$，得 $F_{Bx} = 60\text{kN}(\leftarrow)$

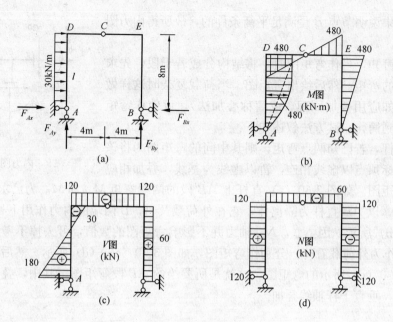

图 3-31 例 3-7 图

由 $F_{Ax}+30\times8-F_{Bx}=0$ 得 $F_{Ax}=-180\text{kN}(\leftarrow)$

（2）计算各杆端的内力值

1）计算杆端弯矩值，有

$M_{AD}=0$

$M_{DA}=180\times8-30\times8\times4=480(\text{kN}\cdot\text{m})(内侧受拉)$

$M_{AD中}=(1/2)(480+0)+(1/8)(30\times8^2)=480(\text{kN}\cdot\text{m})$

$M_{DC}=480(\text{kN}\cdot\text{m})(下侧受拉)$

$M_{CD}=0$

$M_{EC}=M_{EB}=480(\text{kN}\cdot\text{m})(外侧受拉)$

$M_{BE}=0$

2）计算杆端剪力值，有

$V_{AD}=180(\text{kN})$

$V_{DA}=180-30\times8=-60(\text{kN})$

$V_{DC}=V_{CD}=-120(\text{kN})$

$V_{BE}=V_{EB}=60(\text{kN})$

3）计算轴力值，有

$N_{AD}=N_{DA}=120(\text{kN})(拉)$

$N_{DC}=N_{CD}=-60(\text{kN})(压)$

$N_{BC}=-60(\text{kN})(压)$

$N_{EB}=-120(\text{kN})(压)$

（3）作弯矩图

DE 杆和 EB 杆上无均布荷载作用，直接将杆端弯矩画于受拉一侧并连以斜直线。AD 杆上有均布荷载作用，先按杆端弯矩画于受拉一侧并连以虚直线，再叠加对应简支梁的弯矩图，用二次曲线相连，如图 3-31（b）所示。中点的弯矩值为 480kN·m。

（4）作剪力图

DE 和 EB 杆上无均布荷载作用，直接将杆端剪力连以直线（常数）。AD 杆上有均布荷载作用，其剪力图为连接杆端剪力的斜直线，如图 3-31（c）所示。

（5）作轴力图

如图 3-31（d）所示。

（6）校核

可以截取刚架的任何部分校核是否满足平衡条件。

上岗工作要点

1. 了解简单桁架的内力计算方法及其在实际中的应用。
2. 掌握静定梁的内力计算，在实际工程中，能够熟练绘制梁的内力图。
3. 在实际工程中，能够熟练绘制刚架的内力图。

思 考 题

3-1 桁架计算中的基本假定，各起了什么样的简化作用？

3-2 静定平面刚架的内力图如何进行校核？

3-3 梁的剪力和弯矩的正负号是如何做的规定？

3-4 桁架、梁以及刚架的特点有哪些？

3-5 桁架、梁以及刚架是如何进行分类的？

3-6 用叠加法和区段叠加法绘制弯矩图的步骤是什么？

习 题

3-1 选用适当的方法计算图示桁架指定杆件的内力。

3-2 用截面法求图示各梁指定截面上的剪力和弯矩。

3-3 用叠加法绘制图示梁的弯矩图。

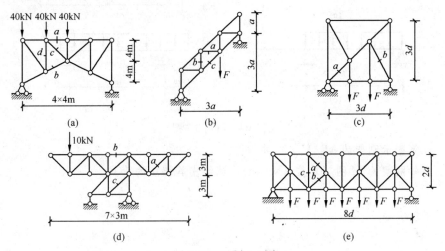

图 3-32 习题 3-3 图

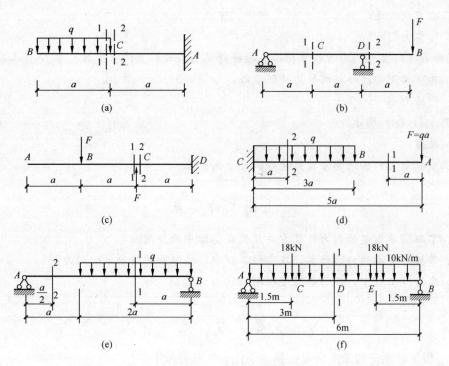

图 3-33 习题 3-2 图

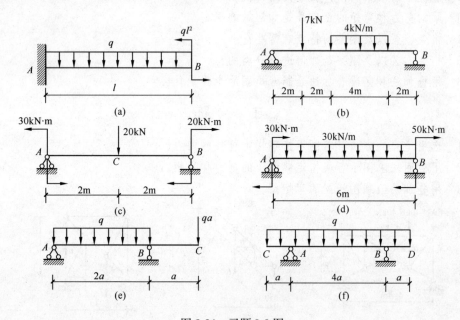

图 3-34 习题 3-3 图

3-4 计算图示刚架的 M、V、N 并作图。

3-5 已知刚架的 M 图（单位 kN·m），试绘出其相应的荷载。

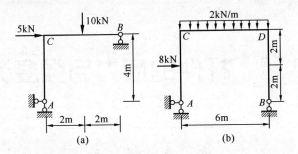

图 3-35　习题 3-4 图

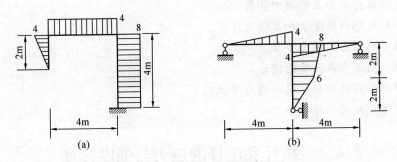

图 3-36　习题 3-5 图

第 4 章 杆件的应力与强度计算

4.1 拉杆和压杆的应力与强度计算

4.1.1 拉杆和压杆的概念及应用

在工程中，经常会遇到轴向拉伸或压缩的杆件，如图 4-1 所示的桁架的竖杆、斜杆和上下弦杆，图 4-2 所示起重架的 1、2 杆和做材料试验用的万能试验机的立柱。作用在这些杆上外力的合力作用线与杆轴线重合。在这种受力情况下，杆所产生的变形主要是纵向伸长或缩短。产生轴向拉伸或压缩的杆件称为拉杆或压杆。

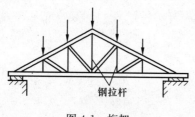

图 4-1 桁架

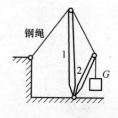

图 4-2 起重架

（1）轴向拉伸和压缩时杆件的内力——轴力

如图 4-3（a）所示为一等截面直杆受轴向外力作用，产生轴向拉伸变形。现用截面法分析 m—m 截面上的内力。用假想的横截面将杆在 m—m 截面处截开分为左、右两部分，取左部分为研究对象，如图 4-3（b）所示，左右两段杆在横截面上相互作用的内力是一个分布力系，其合力为 N。由于整个杆件是处于平衡状态，所以左段杆也应保持平衡，由平衡条件 $\sum X = 0$ 可知，m—m 横截面上分布内力的合力 N 必然是一个与杆轴相重合的内力，且 $N = F$，其指向背离截面。同理，若取右段为研究对象，如图 4-3（c）所示，可得出相同的结果。

对于压杆，也可通过上述方法求得其任一横截面上的内力 N，但其指向为指向截面。

我们将作用线与杆件轴线相重合的内力，称为轴力，用符号 N 表示。背离截面的轴力，称为拉力；而指向截面的轴力，称为压力。

（2）轴力的正负号规定

轴向拉力为正号，轴向压力为负号。在求轴力时，通常将轴力假设为拉力方向，这样由平衡条件求出结果的正负号，就可直接代表轴力本身的正负号。轴力的单位为 N 或 kN。

（3）轴力图

当杆件受到多于两个轴向外力的作用时，在杆件的不同横截面上轴力不尽相同。我们将表明沿杆长各个横截面上轴力变化规律的图形称为轴

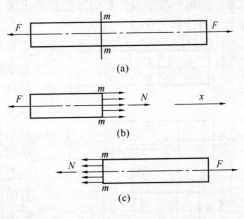

图 4-3　轴力示意

力图。以平行于杆轴线的横坐标轴 x 表示各横截面位置，以垂直于杆轴线的纵坐标 N 表示各横截面上轴力的大小，将各截面上的轴力按一定比例画在坐标系中并连线，就得到轴力图。画轴力图时，将正的轴力画在轴线上方，负的轴力画在轴线下方。

【例 4-1】　一直杆受轴向外力作用，如图 4-4（a）所示，试用截面法求各段杆的轴力。

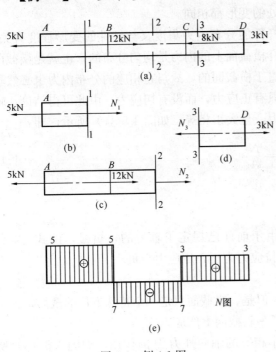

图 4-4　例 4-1 图

【解】

（1）用截面法求各段杆横截面上的轴力

AB 段取 1—1 截面左部分杆件为研究对象，其受力如图 4-4（b）所示，由平衡条件 $\sum X = 0, N_1 - 5 = 0$,得

$$N_1 = 5(\text{kN})（拉力）$$

BC 段取 2—2 截面左部分杆件为研究对象，其受力如图 4-4（c）所示，由平衡条件 $\sum X = 0, N_2 + 12 - 5 = 0$,得

$$N_2 = -7(\text{kN})（压力）$$

CD 段取 3—3 截面右部分杆为研究对象，其受力如图 4-4（d）所示，由平衡条件 $\sum X = 0, 3 - N_3 = 0$,得

$$N_3 = 3(\text{kN})（拉力）$$

（2）画轴力图

根据上面求出各段杆轴力的大小及其正负号画出轴力图，如图 4-4（e）所示。

4.1.2　拉杆和压杆件截面上的应力

（1）横截面上的应力

要解决轴向拉压杆的强度问题，不仅要知道杆件的内力，还必须知道内力在截面上的分布规律。应力在截面上的分布不能直接观察到，但内力与变形有关，因此要找出内力在截面上的分布规律，通常采用的方法是先做实验。根据由实验观察到的杆件在外力作用下的变形

现象，做出一些假设，然后才能推导出应力计算公式。下面我们就用这种方法推导轴向拉压杆的应力计算公式。

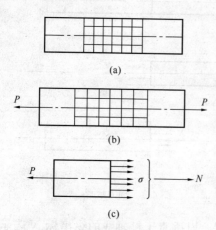

图 4-5　横截面上的应力

取一根等直杆，如图 4-5（a）所示，为了便于通过实验观察轴向受拉杆所发生的变形现象，受力前在杆件表面均匀地画上若干与杆轴线平行的纵线及与轴线垂直的横线，使杆表面形成许多大小相同的方格。然后在杆的两端施加一对轴向拉力 P，如图 4-5（b）所示，可以观察到，所有的纵线仍保持为直线，各纵线都伸长了，但仍互相平行，小方格变成长方格。所有的横线仍保持为直线，且仍垂直于杆轴，只是相对距离增大了。

根据上述现象，可作如下假设：

1）平面假设。若将各条横线看作是一个横截面，则杆件横截面在变形以后仍为平面且与杆轴线垂直，任意两个横截面只是作相对平移。

2）若将各纵向线看作是杆件由许多纤维组成，根据平面假设，任意两横截面之间的所有纤维的伸长都相同，即杆件横截面上各点处的变形都相同。

由于前面已假设材料是均匀连续的，而杆件的分布内力集度又与杆件的变形程度有关，因而，从上述均匀变形的推理可知，轴向拉杆横截面上的内力是均匀分布的，也就是横截面上各点的应力相等。由于拉压杆的轴力是垂直于横截面的，故与它相应的分布内力也必然垂直于横截面，由此可知，轴向拉杆横截面上只有正应力，而没有切应力。由此可得结论：轴向拉伸时，杆件横截面上各点处只产生正应力，且大小相等，如图 4-5（c）所示，即：

$$\sigma = \frac{N}{A} \tag{4-1}$$

式中　N——杆件横截面上的轴力；

　　　A——杆件的横截面面积。

当杆件受轴向压缩时，上式同样适用。由于前面已规定了轴力的正负号，由式（4-1）可知，正应力也随轴力 N 而有正负之分，即拉应力为正，压应力为负。

（2）斜截面上的应力

上面已分析了拉压杆横截面上的正应力。但是，横截面只是一个特殊方位的截面。为了全面了解拉压杆各点处的应力情况，现研究任一斜截面上的应力。

设有一等直杆，在两端分别受到一个大小相等的轴向外力 P 的作用，如图 4-6（a）所示，现分析任意斜截面 m—n 上的应力，截面 m—n 的方位用它的外法线 on 与 x 轴的夹角 α 表示，并规定 α 从 x 轴算起，逆时针转向为正。

将杆件在 m—n 截面处截开，取左段为研究对象，如图 4-6（b）所示，由静力平衡方程 $\Sigma X = 0$，可求得 α 截面上的内力：

$$N_\alpha = P = N \tag{4-2}$$

式中　N——横截面 m—k 上的轴力。

若以 p_α 表示 α 截面上任一点的总应力，按照上面所述横截面上正应力变化规律的分析

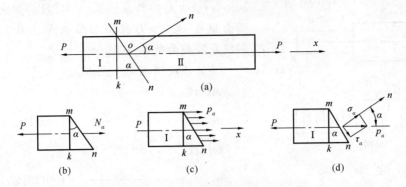

图 4-6 斜截面上的应力

过程，同样可得到斜截面上各点处的总应力相等的结论，如图 4-6（c）所示，于是可得：

$$p_\alpha = \frac{N_\alpha}{A_\alpha} = \frac{N}{A_\alpha} \tag{4-3}$$

式中 A_α——斜截面面积，从几何关系可知 $A_\alpha = \dfrac{A}{\cos\alpha}$，将它代入式（4-3）得：

$$p_\alpha = \frac{N}{A}\cos\alpha \tag{4-4}$$

式中 $\dfrac{N}{A}$——横截面上的正应力 σ，故得：

$$p_\alpha = \sigma\cos\alpha \tag{4-5}$$

p_α 是斜截面任一点处的总应力，为研究方便，通常将 p_α 分解为垂直于斜截面的正应力 σ_α 和相切于斜截面的剪应力 τ_α，如图 4-6（d）所示，则：

$$\sigma_\alpha = p_\alpha\cos\alpha = \sigma\cos^2\alpha \tag{4-6}$$

$$\tau_\alpha = p_\alpha\sin\alpha = \sigma\cos\alpha\sin\alpha = \frac{1}{2}\sigma\sin2\alpha \tag{4-7}$$

式（4-6）和式（4-7）表示出轴向受拉杆斜截面上任一点的 σ_α 和 τ_α 的数值随斜截面位置 α 角而变化的规律。同样它们也适用于轴向受压杆。

σ_α 和 τ_α 的正负号规定如下：正应力 σ_α 以拉应力为正，压应力为负；剪应力 τ_α 以它使研究对象绕其中任意一点有顺时针转动趋势时为正，反之为负。

由式（4-6）和式（4-7）可见，轴向拉压杆在斜截面上有正应力和剪应力，它们的大小随截面的方位 α 角的变化而变化。

当 $\alpha = 0°$ 时，正应力达到最大值：

$$\sigma_{\max} = \sigma \tag{4-8}$$

由此可见，拉压杆的最大正应力发生在横截面上。

当 $\alpha = 45°$ 时，剪应力达到最大值：

$$\tau_{\max} = \frac{\sigma}{2} \tag{4-9}$$

即拉压杆的最大剪应力发生在与杆轴成 45° 的斜截面上。

当 $\alpha = 90°$ 时，$\sigma_\alpha = \tau_\alpha = 0$，这表示在平行于杆轴线的纵向截面上无任何应力。

【例 4-2】 AB 阶梯状直杆的受力情况如图 4-7 所示。试求此杆的最大工作应力。

【解】画 AB 杆的轴力图。由图 4-7 可见，AC 段轴力 $N_1 = 45\text{kN}$，CB 段轴力 $N_2 =$

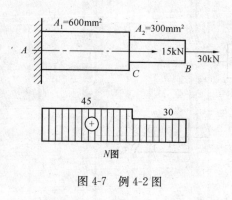

图 4-7　例 4-2 图

30kN，最大轴力所在位置在 AC 段。但由于 AC 段截面面积 A_1 大于 CB 段截面面积 A_2，故不能由轴力图判断危险截面所在位置。

计算各段横截面上应力：

AC 段：

$$\sigma_1 = \frac{N_1}{A_1} = \frac{45 \times 10^3}{600 \times 10^{-6}} = 75\,(\text{MPa})$$

CB 段：

$$\sigma_2 = \frac{N_2}{A_2} = \frac{30 \times 10^3}{300 \times 10^{-6}} = 100\,(\text{MPa})$$

故危险截面在 CB 段，最大工作应力 $\sigma_{\max} = 100\text{MPa}$。

4.1.3　拉杆和压杆件强度计算

由前面讨论可知，拉（压）杆的工作应力为 $\sigma = \dfrac{N}{A}$，为了保证构件能安全正常的工作，则杆内最大的工作应力不得超过材料的许用应力。即：

$$\sigma_{\max} = \frac{N}{A} \leqslant [\sigma] \tag{4-10}$$

式（4-10）称为拉（压）杆的强度条件。

在轴向拉（压）杆中，产生最大正应力的截面称为危险截面。对于轴向拉压的等直杆，其轴力最大的截面就是危险截面。

应用强度条件式（4-10）可以解决轴向拉（压）杆强度计算下述三类问题：

1）截面选择。已知所受的荷载、构件的材料，则构件所需的横截面面积 A，可用下式计算：

$$A \geqslant \frac{N}{[\sigma]}$$

2）确定许用荷载。已知杆件的尺寸、材料，确定杆件能承受的最大轴力，并由此计算杆件能承受的许用荷载。

$$[N] \leqslant A[\sigma]$$

3）强度校核。已知杆的材料、尺寸（已知 $[\sigma]$ 和 A）和所受的荷载（已知 N）的情况下，可用式（4-10）检查和校核杆的强度。如 $\sigma_{\max} = \dfrac{N}{A} \leqslant [\sigma]$，表示杆件的强度是满足要求的，否则不满足强度条件。

根据既要保证安全又要节约材料的原则，构件的工作应力不应该小于材料的许用应力 $[\sigma]$ 太多，有时工作应力也允许稍微大于 $[\sigma]$，但是规定以不超过容许应力的 5% 为限。

4.1.4　材料在拉伸、压缩时的力学性能

材料在受力过程中所反映的各种物理性质的量都称为材料的力学性能。它们都是通过材料试验来测定的。实验证明，材料的力学性能不仅与材料自身的性质有关，还与荷载的类别

（静荷载、动荷载）、温度条件（高温、常温、低温）等因素有关。本节主要讨论材料在常温、静载下的力学性能。

工程中使用的材料种类很多，可根据试件在拉断时塑性变形的大小，区分为塑性材料和脆性材料。塑性材料在拉断时具有较大的塑性变形，如低碳钢、合金钢、铅、铝等；脆性材料在拉断时，塑性变形很小，如铸铁、砖、混凝土等。这两类材料的力学性能有明显的不同。在实验研究中，常把工程上用途较广泛的低碳钢和铸铁作为两类材料的典型代表来进行试验。

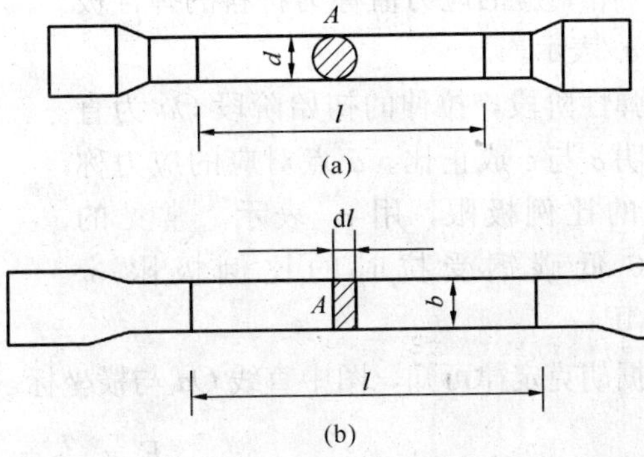

试件的尺寸和形状对试验结果有很大的影响，为了便于比较不同材料的试验结果，在做试验时，应该将材料做成国家金属试验标准中统一规定的标准试件，如图 4-8 所示。

图 4-8　标准试件

由图 4-8 可知，试件的中间部分较细，两端加粗，便于将试件安装在试验机的夹具中。在中间等直部分上标出一段作为工作段，用来测量变形，其长度称为标距 l。为了便于比较不同粗细试件工作段的变形程度，通常对圆截面标准试件的标距 l 与横截面直径的比例加以规定：$l=10d$ 和 $l=5d$；矩形截面试件标距和截面面积 A 之间的关系规定为：$l=11.3\sqrt{A}$，$l=5.65\sqrt{A}$。前者为长试件，后者为短试件。

4.1.4.1　韧性材料拉伸时的力学性能

1. 拉伸图、应力-应变曲线

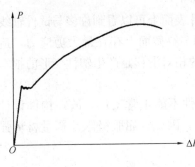

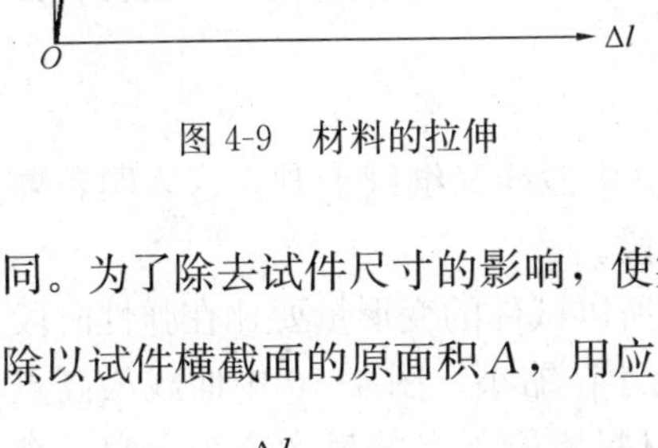

图 4-9　材料的拉伸

将低碳钢的标准试件夹在试验机上，然后开动试验机，缓慢加力，从零开始直至拉断为止。在试验过程中，注意观察出现的各种现象和记录一系列拉力 P 与试件标距对应伸长 Δl 的数据。以拉力 P 为纵坐标，Δl 为横坐标，将 P 与 Δl 的关系按一定比例绘制成曲线，这条曲线就称为材料的拉伸图，如图 4-9 所示。一般试验机上均有自动绘图装置，试件拉伸过程中能自动绘出拉伸图。

由于 Δl 与试件的标距及横截面面积 A 有关，因此，即使是同一种材料，当试件尺寸不同时，其拉伸图也不同。为了除去试件尺寸的影响，使实验结果反映材料的力学性能，常用拉伸图的纵坐标即 P 除以试件横截面的原面积 A，用应力 $\sigma=\dfrac{P}{A}$ 表示；将其横坐标 Δl 除以试件工作段的原长 l，用线应变 $\varepsilon=\dfrac{\Delta l}{l}$ 表示。这样得到的一条应力 σ 与应变 ε 之间的关系曲线。此曲线称为应力-应变曲线（σ-ε 图），如图 4-10 所示。

2. 拉伸过程的四个阶段

根据低碳钢应力-应变曲线特点，可以将低碳钢拉伸过程分为四个阶段。

（1）弹性阶段，如图 4-10 中 Ob 段

在试件的应力不超过 b 点所对应的应力时，材料的变形全部是弹性的，即卸除荷载时，试件的变形可全部消失。与这段图线的最高点 b 相对应的应力值称为材料的弹性极限，以 σ_e 表示。

在弹性阶段，拉伸的初始阶段 Oa 为直线，表明 σ 与 ε 成正比。a 点对应的应力称为材料的比例极限，用 σ_p 表示。常见的 HPB300 低碳钢受拉时的比例极限 σ_p 为 200MPa。

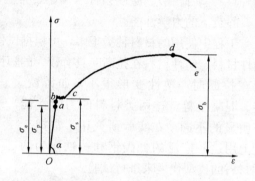

图 4-10　应力-应变曲线 σ-ε 图

根据胡克定律可知，图中直线 Oa 与横坐标 ε 的夹角 α 的正切就是材料的弹性模量，即

$$E = \frac{\sigma}{\varepsilon} = \tan\alpha \tag{4-11}$$

弹性极限 σ_e 与比例极限 σ_p 二者意义不同，但由试验得出的数值很接近，因此，通常工程上对它们不加严格区分，常近似认为在弹性范围内材料服从胡克定律。

（2）屈服阶段，如图 4-10 中的 bc 段

当应力超过 b 点对应的应力后，应变增加很快，应力仅在一个微小的范围内上下波动，在 σ-ε 图上呈现出一段接近水平的"锯齿"形线段 bc。这种材料的应力几乎不增大，但应变迅速增加的现象称屈服（或流动），bc 段称为屈服阶段。在屈服阶段，σ-ε 图中曲线有一段微小的波动，其最高点的应力值称为屈服高限，而最低点的应力值称为屈服低限。实验表明，很多因素对屈服高限的数值有影响，而屈服低限则较为稳定。因此，通常将屈服低限称为材料的屈服极限或流动极限，以 σ_s 表示。常见的 HPB300 低碳钢的屈服极限 σ_s 为 235MPa。

当材料到达屈服阶段时，如果试件表面光滑，则在试件表面上可以看到许多与试件轴线约成 45°角的条纹，这种条纹就称为滑移线。这是由于在 45°斜截面上存在最大剪应力，造成材料内部晶格之间发生相互滑移所致。一般认为，晶体的相对滑移是产生塑性变形的根本原因。

应力达到屈服时，材料出现了显著的塑性变形，使构件不能正常工作，故在构件设计时，一般应将构件的最大工作应力限制在屈服极限 σ_s 以下，因此，屈服极限是衡量材料强度的一个重要指标。

（3）强化阶段，如图 4-10 的 cd 段

经过屈服阶段，材料又恢复了抵抗变形的能力，σ-ε 图中曲线又继续上升，这表明若要使试件继续变形，就必须增加应力，这一阶段称为强化阶段。

由于试件在强化阶段中发生的变形主要是塑性变形，所以试件的变形量要比在弹性阶段内大得多，在此阶段，可以明显地看到整个试件的横向尺寸在缩小。图 4-10 中曲线最高点 d 所对应的应力称为强度极限，以 σ_b 表示。强度极限是材料所能承受的最大应力，它是衡量材料强度的一个重要指标。低碳钢的强度极限约为 400MPa。

（4）颈缩阶段，如图 4-10 中的 de 段

当应力达到强度极限后，可以看到在试件的某一局部段内，横截面出现显著的收缩现象，如图 4-11 所示，这一现象称为"颈缩"。由于颈缩处截面面积迅速缩小，试件继续变形

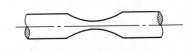

图 4-11　横截面收缩现象

所需的拉力 P 反而下降，图 4-10 中的 $\sigma\text{-}\varepsilon$ 曲线开始下降，曲线出现 de 段的形状，最后当曲线到达 e 点时，试件被拉断，这一阶段称为"颈缩"阶段。

对于低碳钢来说，屈服极限 σ_s 和强度极限 σ_b 是衡量材料强度的两个重要指标。

3. 塑性指标

试件断裂后，弹性变形消失了，塑性变形保留了下来。试件断裂后所遗留下来的塑性变形的大小，常用来衡量材料的塑性性能。塑性性能指标有延伸率和截面收缩率。

（1）延伸率 δ

图 4-12 所示试件的工作段在拉断后的长度 l_1 与原长 l 之差（即在试件拉断后其工作段总的塑性变形）与 l 的比值，称为材料的延伸率。即：

$$\delta = \frac{l_1 - l}{l} \times 100\% \qquad (4\text{-}12)$$

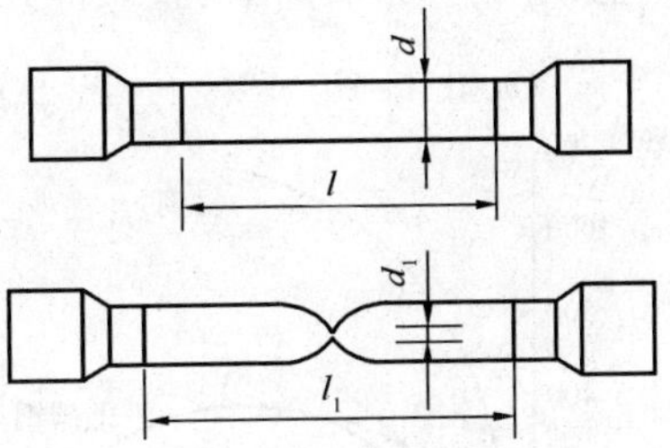

图 4-12　塑性变形

延伸率是衡量材料塑性的一个重要指标，一般可按延伸率的大小将材料分为两类：塑性材料和脆性材料。前者是 $\delta \geqslant 5\%$ 的材料；后者是 $\delta < 5\%$ 的材料。低碳钢的延伸率大约为 $20\% \sim 30\%$。

（2）截面收缩率 φ

试件断裂处的最小横截面面积用 A_1 表示，原截面面积为 A，则比值：

$$\varphi = \frac{A - A_1}{A} \times 100\% \qquad (4\text{-}13)$$

φ 称为截面收缩率。低碳钢的收缩率约为 60%。

4. 冷作硬化

在试验过程中，如加载到强化阶段某点 f 时，如图 4-13 所示，将荷载逐渐减小到零，可以看到，卸载过程中应力与应变仍保持为直线关系，且卸载直线 fo_1 与弹性阶段内的直线 oa 近乎平行。在图 4-13 所示的 $\sigma\text{-}\varepsilon$ 曲线中，f 点的横坐标可以看成是 oo_1 与 o_1g 之和，其中 oo_1 是塑性变形 ε_s，o_1g 是弹性变形 ε_e。

如果在卸载后又立即重新加载，则应力-应变曲线将沿 o_1f 上升，并且到达 f 点后转向原曲线 fde。最后到达 e 点。这表明，如果将材料预拉到强化阶段，然后卸载，当再加载时，比例极限和屈服极限得到提高，但塑性变形减少。我们把材料的这种特性称为冷作硬化。

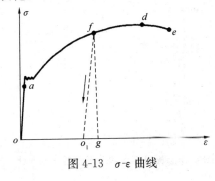

图 4-13　$\sigma\text{-}\varepsilon$ 曲线

在工程上常利用钢筋的冷作硬化这一特性来提高钢筋的屈服极限。例如可以通过在常温下将钢筋预先拉长一定数值的方法来提高钢筋的屈服极限。这种方法称为冷拉。实践证明，按照规定来冷拉钢筋，一般可以节约 $10\% \sim 20\%$ 的钢材。钢筋经过冷拉后，虽然强度有所提高，但减少了塑性，从而增加了脆性。这对于承受冲击和振动荷载是非常不利的。所以，在工程实际中，凡是承受冲击和振动荷载作用的结构部位及结构的重要部位，不应使用冷拉钢筋。另外，钢筋在冷拉后并不能提高抗压强度。

4.1.4.2　其他塑性材料拉伸时的力学性能

其他金属材料的拉伸试验和低碳钢拉伸试验作法相同，图 4-14 分别给出了锰钢、硬铝、退火球墨铸铁、青铜和低碳钢的应力-应变曲线。从图中可见，锰钢、硬铝、退火球墨铸铁三种材料就不像低碳钢那样具有明显的屈服阶段，但这些材料的共同特点是延伸率 δ 均较大，它们和低碳钢一样都属于塑性材料。

对于没有屈服阶段的塑性材料，通常用名义屈服极限作为衡量材料强度的指标。将对应于塑性应变为 $\varepsilon_s = 0.2\%$ 时的应力定为名义屈服极限，并以 $\sigma_{0.2}$ 表示，如图 4-15 所示。图中 CD 直线与弹性阶段内的直线部分平行。

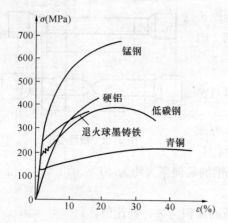

图 4-14　有屈服阶段的塑性材料应变曲线

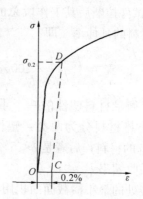

图 4-15　无屈服阶段的塑性材料的应变曲线

4.1.4.3　脆性材料拉伸时的力学性能

工程上也常用脆性材料，如铸铁、玻璃钢、混凝土等。这些材料在拉伸时，一直到断裂，变形都不显著，而且没有屈服阶段和颈缩现象，只有断裂时的强度极限 σ_b。如图 4-16 所示是灰口铸铁和玻璃钢受拉伸时的 σ-ε 曲线。玻璃钢几乎到试件拉断时都是直线，即弹性阶段一直延续到接近断裂。灰口铸铁的 σ-ε 全部是曲线，没有显著的直线部分，但由于直到拉断时变形都非常小，因此，一般近似地将 σ-ε 曲线用一条割线来代替（图 4-16 中虚线），从而确定其弹性模量，称之为割线弹性模量，并认为材料在这一范围内是符合胡克定律的。灰口铸铁通常以产生 0.1% 的总应变所对应的曲线的割线条件来表示材料的弹性模量。衡量脆性材料强度的唯一指标是强度极限 σ_b。

4.1.4.4　材料压缩时的力学性能

金属材料（如低碳钢、铸铁等）压缩试验的试件为圆柱形，高约为直径的 1.5～3 倍，高度不能太大，否则受压后容易发生弯曲变形；非金属材料（如混凝土、石料等）试件为立方块，如图 4-17 所示。

（1）塑性材料的压缩试验

如图 4-18 所示，图中虚线表示低碳钢拉伸时的 σ-ε 曲线，实线为压缩时的 σ-ε 曲线。比较两者，可以看出在屈服阶段以前，两曲线基本上是重合的。低碳钢的比例极限 σ_p，弹性模量 E，屈服极限 σ_s 都与拉伸

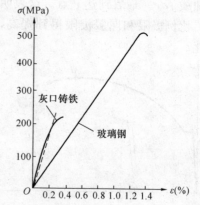

图 4-16　灰口铸铁和玻璃钢的 σ-ε 曲线

80

时相同。当应力超出比例极限后，试件出现显著的塑性变形，试件明显缩短，横截面增大，随着荷载的增加，试件越压越扁，但并不破坏，无法测出强度极限。因此，低碳钢压缩时的一些力学性能指标可通过拉伸试验测定，一般不需做压缩实验。

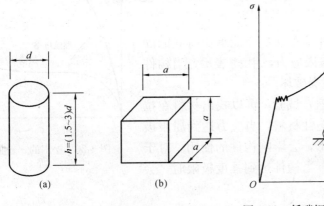

图 4-17　试件示意
(a) 圆柱形试件；(b) 立方体试件

图 4-18　低碳钢拉伸、压缩时的 σ-ε 曲线

　　一般塑性材料都存在上述情况，但有些塑性材料压缩与拉伸时的屈服点的应力不同，如铬钢、硅合金钢，因此对这些材料还要测定其压缩时的屈服应力。

（2）脆性材料

如图 4-19 所示，图中虚线表示铸铁受拉时的曲线，实线表示受压缩时的 σ-ε 曲线，由图可见，铸铁压缩时的强度极限约为受拉时的 2～4 倍，延伸率也比拉伸时大。

铸铁试件将沿与轴线成 45° 的斜截面上发生破坏，即在最大剪应力所在斜截面上破坏。说明铸铁的抗剪强度低于抗拉压强度。

其他脆性材料如混凝土、石料及非金属材料的抗压强度也远高于抗拉强度。

木材是各向异性材料，其力学性能具有方向性，顺纹方向的强度要比横纹方向高得多，而且其抗拉强

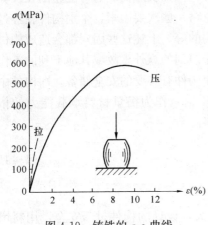

图 4-19　铸铁的 σ-ε 曲线

度高于抗压强度，如图 4-20 为松木的 σ-ε 曲线。

（3）两类材料力学性能的比较

通过以上试验分析，塑性材料和脆性材料在力学性能上的主要差别是：

1）在强度方面，塑性材料拉伸和压缩时的弹性极限、屈服极限基本相同。脆性材料压缩时的强度极限远比拉伸时大，因此，一般适用于受压构件。塑性材料在应力超过弹性极限后有屈服现象；而脆性材料没有屈服现象，破坏是突然的。

2）在变形方面，塑性材料的 δ 和 φ 值都比较大，构件破坏前有较大的塑性变形，材料的可塑性大，便于加工和安装时的矫正。脆性材料的 δ 和 φ 较小，难以加工，在安装时的矫正中易产生裂纹和损坏。

必须指出，上述关于塑性材料和脆性材料的概念是指常温、静载时的情况。实际上，材

料是塑性的还是脆性的并非一成不变，它将随条件而变化。如加载速度、温度高低、受力状态都能使其发生变化。例如，低碳钢在低温时也会变得很脆。

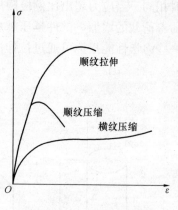

图 4-20　松木的 σ-ε 曲线

4.1.5　许用应力、强度条件

任何一种材料制成的构件都存在一个能承受荷载的固有极限，这个固有极限称为极限应力，用 σ^0 表示。当构件内的工作应力到达此值时，就会破坏。

通过材料的拉伸（或压缩）试验，可以找出材料在拉伸和压缩时的极限应力。对塑性材料，当应力达到屈服极限时，将出现显著的塑性变形，会影响构件的使用。对于脆性材料，破坏前变形很小，当构件达到强度极限时，会引起断裂，所以：

对塑性材料：$\qquad\qquad\qquad\qquad \sigma^0 = \sigma_s$

对脆性材料：$\qquad\qquad\qquad\qquad \sigma^0 = \sigma_b$

在理想状态下，为了保证构件能正常工作，必须使构件在工作时产生的工作应力不超过材料的极限应力。由于在实际设计时有许多因素无法预计，例如实际荷载有可能超出在计算中所采用的标准荷载，实际结构取用的计算简图往往会忽略一些次要因素，个别构件在经过加工后有可能比规格要求的尺寸小，材料并不是绝对均匀的等。上述这些因素都会造成构件偏于不安全的后果。此外，考虑到构件在使用过程中可能遇到的意外事故或其他不利的工作条件、构件的重要性等的影响。因此，在设计时，必须使构件有必要的安全储备。即构件中的最大工作应力不超过某一限值，将极限应力 σ^0 缩小 K 倍，作为衡量材料承载能力的依据，称为允许应力（或称为许用应力），用 $[\sigma]$ 表示，即：

$$[\sigma] = \frac{\sigma^0}{K} \qquad\qquad\qquad (4\text{-}14)$$

式中　K——一个大于 1 的系数，称为安全系数。

安全系数 K 的确定相当重要又比较复杂。K 选用过大，设计的构件过于安全，用料增多；K 选用过小，安全储备减少，构件偏于危险。

在静载作用下，脆性材料破坏时没有明显变形的征兆，破坏是突然的，所以，所取的安全系数要比塑性材料大。一般情况下，在工程中有如下规定：

脆性材料：$\qquad\qquad\qquad\qquad [\sigma] = \frac{\sigma_b}{K_b}$

$$K_b = 2.5 \sim 3.0$$

塑性材料：$\qquad\qquad [\sigma] = \frac{\sigma_s}{K_s} \ 或[\sigma] = \frac{\sigma_{0.2}}{K_s}$

$$K_b = 1.4 \sim 1.7$$

常用材料的许用应力，见表 4-1。

表 4-1 常用材料的许用应力

材料名称	牌 号	应力种类（MPa）		
		$[\sigma]$	$[\sigma_y]$	$[\tau]$
普通碳钢	Q215	137~152	137~152	84~93
普通碳钢	Q235	152~167	152~167	93~98
优质碳钢	45	216~238	216~238	128~142
低碳合金钢	16Mn	211~238	211~238	127~142
灰铸铁		28~78	118~147	
铜		29~118	29~118	—
铝		29~78	29~78	—
松木（顺纹）		6.9~9.8	8.8~12	0.98~1.27
混凝土		0.098~0.69	0.98~8.8	

注：1. $[\sigma]$ 为许用拉应力，$[\sigma_y]$ 为许用压应力，$[\tau]$ 为许用剪应力；

2. 材料质量好，厚度或直径较小时取上限；材料质量较差，尺寸较大时取下限；其详细规定，可参阅有关设计规范或手册。

4.2 梁的应力与强度计算

4.2.1 平面弯曲的概念及应用

具有纵向对称面的平面弯曲梁是我们主要的研究对象。其受力特点是：所受的外力都作用在梁的纵向对称面内，且都是横力（其作用线与梁轴线相垂直的力）；所受的外力偶都作用在梁的纵向对称面或与之平行的平面内（可以自由平移到纵向对称面）。其变形特点是：梁变形后，其轴线变成纵向对称面内的一条平面曲线，如图 4-21 所示。

当杆件受到垂直于杆轴的外力作用或在纵向平面内受到力偶作用（图 4-22）时，杆轴由直线弯成曲线，这种变形称为弯曲。以弯曲变形为主的杆件称为梁。

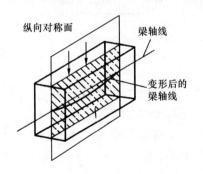

图 4-21 纵向对称平面

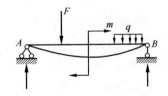

图 4-22 纵向平面内受到力偶作用

弯曲变形是工程中最常见的一种基本变形。例如房屋建筑中的楼面梁和阳台挑梁，受到楼面荷载和梁自重的作用，将发生弯曲变形，如图 4-23 所示。

工程中常见的梁，其横截面往往有一根对称轴，如图 4-24 所示。这根对称轴与梁轴线所组成的平面，称为纵向对称平面（图 4-21）。如果作用在梁上的外力（包括荷载和支座反力）和外力偶都位于纵向对称平面内，梁变形后，轴线将在此纵向对称平面内弯曲。这种梁的弯曲平面与外力作用平面相重合的弯曲，称为平面弯曲。平面弯曲是一种最简单，也是最

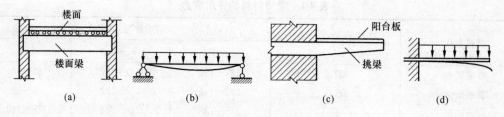

图 4-23 各物体发生弯曲变形

常见的弯曲变形。

4.2.2 梁的正应力

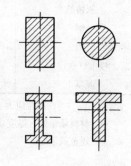

图 4-24 梁的对称横截面

现以图 4-25（a）所示的简支梁 AB 为例来分析梁的弯曲应力。当简支梁在两个对称位置上作用着集中力 F 时，梁的计算简图、剪力图和弯矩图分别如图 4-25（b）～（d）所示。在梁的 AC 和 DB 段内的各截面上有剪力 V 和弯矩 M，这种弯曲称为横力弯曲。在梁的 CD 段内的各横截面上，剪力 V 为零，弯矩 M 是一个常数，这种弯曲称为纯弯曲。下面讨论梁在纯弯曲时的正应力。

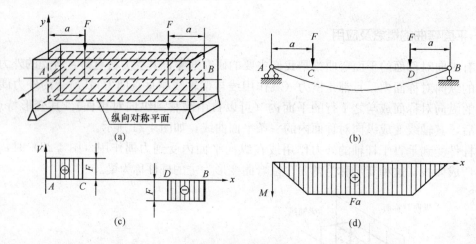

图 4-25 梁的纯弯曲

如图 4-26（a）所示，梁两端有正值弯矩 M 作用，首先观察在弯矩 M 作用下梁的变形。

1）几何方面。想要研究正应力，应首先找出纵向线应变的变化规律，为此在梁上画两条相邻的横向线 mm 和 nn 代表梁的任意两横截面，在两横截面间，轴线的两侧分别画两条纵向线 aa 和 bb 代表梁的纵向纤维。加外力偶矩 M，观察梁变形后的现象，如图 4-26（b）所示。

①纵向线 aa 和 bb 变成了互相平行的圆弧线，梁凹边的纵向线 $\overset{\frown}{aa}$ 缩短，凸边的纵向线 $\overset{\frown}{bb}$ 伸长。

②横向线 mm 和 nn 仍为直线，在相对旋转了一个角度后与 $\overset{\frown}{aa}$ 和 $\overset{\frown}{bb}$ 两弧线保持正交。根据上述观察到的现象，对梁在纯弯曲下的变形作如下假设：梁弯曲后原来的横截面仍为平面，在旋转一定角度后与轴线保持垂直，该假设称为弯曲问题的平面假设，根据此假设得到的应力，变形计算公式已得到试验结果证实，并且在弹性力学理论上也得到了证明。

根据平面假设，可通过几何关系找出横截面各点纵向纤维的变化规律。梁在变形后凹边

84

纤维（aa）缩短，凸边的纤维（bb）伸长，根据梁的连续性，由缩短到伸长，必然有一层纵向纤维的长度不变，即纤维既不伸长也不缩短，称这一层纤维为中性层，中性层与横截面的交线称为中性轴，如图 4-26（c）所示。

如图 4-26（d）所示，梁变形后取出 $\mathrm{d}x$ 微段，设 $\overset{\frown}{O_1O_2}$ 为中性层上的纤维，其长度在变形后不变，仍为 $\mathrm{d}x$，距离中性轴为 y 处的纵向纤维由 $\overset{\frown}{bb_1}$ 变形到 $\overset{\frown}{bb_2}$，则该段纤维的伸长量为 $\overset{\frown}{b_1b_2}=\overset{\frown}{bb_2}-\overset{\frown}{bb_1}$ 从而可得该点处的纵向线应变为

$$\varepsilon = \frac{\overset{\frown}{b_1b_2}}{\overset{\frown}{bb_1}} = \frac{y\mathrm{d}\theta}{\mathrm{d}x} \tag{4-15}$$

令中性轴的曲率半径为 ρ，由

$$\frac{1}{\rho} = \left| \frac{\mathrm{d}\theta}{\mathrm{d}x} \right| \tag{4-16}$$

$$\varepsilon = \frac{y}{\rho} \tag{4-17}$$

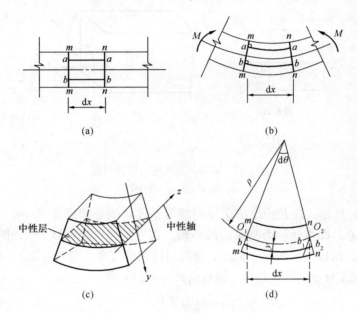

图 4-26　纯弯曲梁变形分析

式（4-17）说明了截面上任意一点的线应变随该点在横截面位置上的变化，对一个指定截面来说，$1/\rho$ 是一个常量，线应变 ε 与坐标 y 成正比，与 z 坐标无关，这与平面假设横截面变形后仍为平面是一致的。所以，在距中性轴等远处各纵向线段的伸长或缩短是相等的。

2）物理方面。假设梁在纯弯曲时纵向纤维之间无挤压作用，即各条纵向纤维仅发生简单的拉伸或压缩，梁内各点均处于单向应力状态。材料在线弹性范围内有

$$\sigma = E\varepsilon = E\frac{y}{\rho} \tag{4-18}$$

式（4-18）表明了横截面上各点正应力的变化规律。对指定截面，E、ρ 为常数，所以横截面上任意一点的正应力与该点到中性轴的距离 y 成正比，且距中性轴同一距离上各点的正应力均相等。该变化规律如图 4-27（a）所示。

3）静力方面。横截面上的法向内力元素 $\sigma\mathrm{d}A$，如图 4-27（b）所示，构成了空间平行力

85

系，由空间平行力系的平衡方程，得

$$\sum F_x = 0 \quad F_N = \int_A \sigma dA = \int_A \frac{Ey}{\rho} dA = \frac{E}{\rho} S_z = 0 \tag{4-19}$$

$$\sum M_y = 0 \quad M_y = \int_A z(\sigma dA) = \int_A z \frac{Ey}{\rho} dA = \frac{E}{\rho} \int_A zy dA = \frac{E}{\rho} I_{yz} = 0 \tag{4-20}$$

$$\sum M_z = 0 \quad M_x = \int_A y(\sigma dA) = M$$

$$\int_A y \frac{Ey}{\rho} dA = M$$

$$\frac{E}{\rho} \int_A y^2 dA = M$$

$$\frac{EI_z}{\rho} = M \tag{4-21}$$

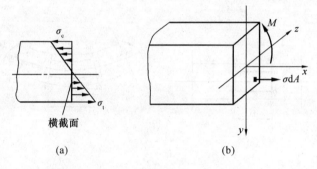

图 4-27　梁横截面正应力计算简图

σ_t—拉应力；σ_c—压应力

由式（4-19）可知，若 $F=0$，E/ρ 不可能等于零，则必须满足 $S_z=0$。若 $S_z=0$，z 轴必通过截面的形心，即中性轴为截面的形心轴。式（4-20）中，$M_y=0$，则 I_{yz} 必为零。由于 y 轴为对称轴，所以该截面对 y 轴和 z 轴的惯性积必为零。由此可知，y 轴两侧对称位置上的内力元素 $\sum dA$ 对 y 轴的矩相等。最后由式（4-21）得

$$M = \frac{EI_z}{\rho}$$

即

$$\frac{1}{\rho} = \frac{M}{EI_z} \tag{4-22}$$

这是描述弯曲变形的最基本公式，其中 EI_z 为抗弯刚度，抗弯刚度越大，梁变形的曲率 ρ 越小，表明梁越不易变形。反之 $1/EI_z$ 越大，即柔度越大，梁越易变形。

由式（4-18）及式（4-21）可得

$$\sigma = \frac{My}{I_z} \tag{4-23}$$

式（4-23）为计算梁在纯弯曲时横截面上任意一点的正应力公式。其中 M 为横截面上的弯矩，y 为所求点离中性轴的距离，I_z 为整个截面对中性轴的惯性矩。正应力的正负号，可根据变形来判定，判定的方法是：以中性层为界，变形后凸边的纤维受拉，正应力为正值（拉应力）；凹边的纤维受压，正应力为负值（压应力）。对一指定截面而言，弯矩 M，惯性

矩 I_z 为常量，y 值越大，则正应力越大，所以最大正应力发生在横截面的上、下边缘处，其值为

$$\sigma_{max} = \frac{My_{max}}{I_z} \qquad (4-24)$$

若令

$$W_z = \frac{I_z}{y_{max}} \qquad (4-25)$$

则

$$\sigma_{max} = \frac{M}{W_z} \qquad (4-26)$$

上式为计算横截面最大正应力公式，W_z 为抗弯截面系数，是截面的几何特性之一，单位为 m^3。

常见的截面，如矩形截面或圆形截面的抗弯截面系数分别为

矩形截面 $\qquad W_z = \dfrac{I_z}{h/2} = \dfrac{bh^3}{12} \times \dfrac{2}{h} = \dfrac{bh^2}{6}$

圆形截面 $\qquad W_z = \dfrac{I_z}{h/2} = \dfrac{\pi d^4}{64} \times \dfrac{2}{d} = \dfrac{\pi d^3}{32}$

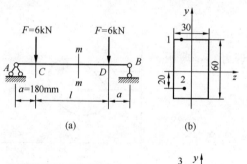

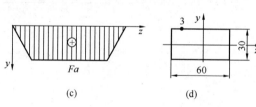

图 4-28 例 4-3 图

如果是型钢，可查型钢规格表确定 W_z 值。

由以上分析推导可知，如果横截面有两个对称轴，则对称轴即为中性轴，且截面上的最大拉应力与最大压应力相等。如果横截面无对称轴 z，如 T 形截面，中性轴仍为形心轴，但此时最大拉应力与最大压应力不等，要根据弯矩的转向，分别计算最大拉应力和最大压应力。

【例 4-3】 一简支梁受力如图 4-28（a）所示。已知：$F = 6kN$，求 m—m 截面上的点 1、2 的应力。

【解】 作梁的弯矩图，如图 4-28（c）所示。在 CD 段 m—m 截面上的弯矩为

$$M = Fa = 6 \times 10^3 \times 180 \times 10^{-3} = 1080(N \cdot m)$$

对于图 4-28（b）所示的矩形截面，对 z 轴的惯性矩为

$$I_z = \frac{bh^3}{12} = \frac{30 \times 60^3}{12} = 540 \times 10^3 (mm^4)$$

对于点 1，$y = y_1 = 30mm$，该点的正应力为

$$\sigma_1 = \frac{My_1}{I_z} = \frac{1080 \times 30 \times 10^{-3}}{540 \times 10^3 \times (10^{-3})^4} = 60 \times 10^6 (N/m^2) = 60(MPa)$$

对于点 2，$y = y_2 = 20mm$，该点的正应力为

$$\sigma_2 = \frac{My_2}{I_z} = \frac{1080 \times 20 \times 10^3}{540 \times 10^3 \times (10^{-3})^4} = 40 \times 10^6 (N/m^2) = 40(MPa)$$

根据弯曲变形可以判明应力的符号：由图 4-28 可知，m—m 截面上的弯矩为正值，即梁在该处的变形为凸向下。因此，σ_1 为压应力；σ_2 为拉应力，即可写为

$$\sigma_1 = 60(\text{MPa}), \sigma_2 = 40(\text{MPa})$$

如果梁安放如图 4-28（d）所示，为最大应力为多少？若将其计算结果与图 4-28（b）作一比较，可从中得到什么启示？请读者自行解答。

4.2.3 常用截面的几何性质

4.2.3.1 截面静矩与形心

任意平面图形如图 4-29 所示，其面积为 A，y 轴和 z 轴为图形所在平面内的坐标轴。在平面图形上 A 点处，取微面积 $\mathrm{d}A$，A 点的坐标为 y 和 z，定义 $y\mathrm{d}A$ 和 $z\mathrm{d}A$ 为微面积 $\mathrm{d}A$ 对 z 轴和 y 轴的静矩；而整个图形的面积 A 对 z 轴和 y 轴的静矩分别定义为

$$\left. \begin{array}{l} S_z = \displaystyle\int_A y\mathrm{d}A \\[2mm] S_y = \displaystyle\int_A z\mathrm{d}A \end{array} \right\} \tag{4-27}$$

上式也称作平面图形对 z 轴和 y 轴的一次矩，或面积矩。

从公式（4-27）可知，平面图形的静矩是对某一轴而言的，同一平面图形对不同的坐标轴，其静矩不相同。静矩的值可能为正，可能为负，也可能等于零。静矩的量纲是长度的三次方。

图 4-29 是一厚度很小的均质薄板，该均质薄板的重心与平面图形的形心有相同的坐标 $\bar{y}$ 和 $\bar{z}$。由力矩定理可知，薄板重心的坐标 $\bar{y}$ 和 $\bar{z}$ 分别是

$$\bar{y} = \frac{\displaystyle\int_A y\mathrm{d}A}{A}, \bar{z} = \frac{\displaystyle\int_A z\mathrm{d}A}{A} \tag{4-28}$$

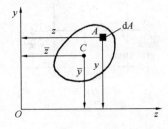

图 4-29 均质薄板

这也是确定平面图形的形心坐标的公式。

利用式（4-27），可将公式（4-28）改写成

$$\bar{y} = \frac{S_z}{A}, \bar{z} = \frac{S_y}{A} \tag{4-29}$$

上式也可写成

$$S_z = A\bar{y}, S_y = A\bar{z} \tag{4-30}$$

式（4-30）表明，平面图形对 y 和 z 轴的静矩，分别等于图形的面积 A 乘以形心的坐标 $\bar{z}$ 或 $\bar{y}$。若静矩 $S_z=0$，则 $\bar{y}=0$；$S_y=0$，则 $\bar{z}=0$。所以，若图形对某一轴的静矩等于零，则该轴必然通过图形的形心；反之，若某一轴通过图形的形心，则图形对该轴的静矩必等于零。

【例 4-4】 试确定图 4-30 所示平面图形的形心 C 的位置。

【解】 将图形分为 I、II 两个矩形，如图取坐标。两个矩形的形心坐标及面积分别为

矩形 I：

$$\bar{y}_1 = \frac{10}{2} = 5(\text{mm})$$

$$\bar{z}_1 = \frac{120}{2} = 60(\text{mm})$$

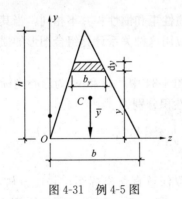

图 4-30 例 4-4 图

$$A_1 = 10 \times 120 = 1200(\text{mm}^2)$$

矩形 Ⅱ：

$$\bar{y}_2 = \left(10 + \frac{70}{2}\right) = 45(\text{mm})$$

$$\bar{z}_2 = \frac{10}{2} = 5(\text{mm})$$

$$A_2 = 10 \times 70 = 700(\text{mm}^2)$$

应用式（4-30），得形心 C 的坐标（$\bar{y}$, $\bar{z}$）为

$$\bar{y} = \frac{A_1\bar{y}_1 + A_2\bar{y}_2}{A_1 + A_2} = \frac{1200 \times 5 + 700 \times 45}{1200 + 700} = 19.7(\text{mm})$$

$$\bar{z} = \frac{A_1\bar{z}_1 + A_2\bar{z}_2}{A_1 + A_2} = \frac{1200 \times 60 + 700 \times 5}{1200 + 700} = 39.7(\text{mm})$$

形心 $C(\bar{y}, \bar{z})$ 的位置，如图 4-30 所示。

【例 4-5】 计算如图 4-31 所示三角形对 z 轴的静矩。

【解】 取平行于 z 轴的狭长条作为微面积，因其上各点到 z 轴的距离 y 相同，而 $\mathrm{d}A = b_y\mathrm{d}y$，由相似三角形关系，知 $b_y = \frac{b}{h}(h - y)$，故

$$S_z = \int_A y\mathrm{d}A = \int_0^h \frac{b}{h}(h - y)y\mathrm{d}y = b\int_0^h y\mathrm{d}y - \frac{b}{h}\int_0^h y^2\mathrm{d}y = \frac{bh^2}{6}$$

4.2.3.2 惯性矩与极惯性矩

在任意平面图形中，取微面积 $\mathrm{d}A$（图 4-32），微面积 $\mathrm{d}A$ 对 y 或 x 轴的二次矩 $z^2\mathrm{d}A$ 及 $y^2\mathrm{d}A$，分别定义为微面积对 y 轴和 x 轴的惯性矩，而整个平面图形对 y 轴和 x 轴的惯性矩可用下面两个积分式表示：

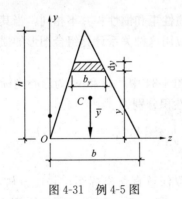
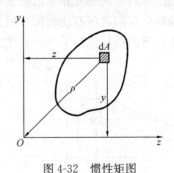

图 4-31 例 4-5 图　　　　　图 4-32 惯性矩图

$$I_y = \int_A z^2\mathrm{d}A, I_z = \int_A y^2\mathrm{d}A \tag{4-31}$$

式中　I_y——平面图形对 y 轴的惯性矩；

　　　I_z——平面图形对 x 轴的惯性矩。

惯性矩又简称惯矩，惯矩是对某一轴而言，故又称轴惯矩。惯性矩是弯曲应力计算时必需的截面参数，它是重要的反映截面特性的几何量。

以直角坐标原点 O 为极点，设微面积 $\mathrm{d}A$ 到 O 点的距离为 ρ，则微面积 $\mathrm{d}A$ 对 O 点的二

次矩为 $\rho^2\,\mathrm{d}A$，整个平面图形对 O 点的二次矩为

$$I_\rho = \int_A \rho^2\,\mathrm{d}A \tag{4-32}$$

式中　I_ρ——平面图形对极点 O 的极惯性矩。

从图 4-32 知 $\rho^2 = y^2 + z^2$，所以

$$I_\rho = \int_A \rho^2\,\mathrm{d}A = \int_A (y^2 + z^2)\,\mathrm{d}A = I_z + I_y \tag{4-33}$$

上式表明，平面图形的极惯性矩等于对同一对坐标轴的轴惯性矩之和。

$yz\mathrm{d}A$ 定义为微面积 $\mathrm{d}A$ 对 y 和 z 两坐标轴的惯性积，而整个平面图形对 y 和 z 轴的惯性积为

$$I_{yz} = \int_A yz\,\mathrm{d}A \tag{4-34}$$

从惯性矩和惯性积的定义知，I_z，I_y 和 I_ρ 都为正值，而惯性积 I_{yz} 可能是正，可能是负，也可能等于零。它们的量纲均为长度的四次方。

如果图形有一对称轴，则图形对包含此轴的一对正交坐标轴的惯性积必为零。例如，图 4-33 中 y 轴是对称轴，图中画出具有对称位置的两个微面积 $\mathrm{d}A$，这两个微面积对 y 轴和 z 轴的惯性积正负号相反，数值相同，其和为零，所以，整个平面图形对 y 和 z 轴的惯性积为零。

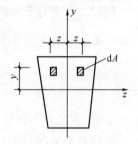

图 4-33　对称平面图

将惯性矩除以面积 A 再开方定义为惯性半径，用 i 表示（有时也用 r 表示）。所以对 z 和 y 轴的惯性半径分别为

$$i_z = \sqrt{\dfrac{I_z}{A}}\,,\ i_y = \sqrt{\dfrac{I_y}{A}} \tag{4-35}$$

4.2.3.3　惯性矩的平行移轴公式

同一平面图形对不同的互相平行的坐标轴的惯性矩和惯性积并不相同，当其中一个轴是图形的形心轴时，它们之间有比较简单的关系。应用这种关系计算组合图形的惯性矩和惯性积则较为简便，下面推导这种关系的表达式。

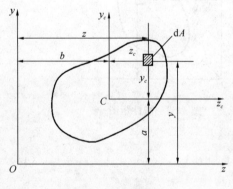

图 4-34　平行移轴公式

在图 4-34 中，z_c 和 y_c 为形心坐标轴，其惯性矩和惯性积分别为

$$I_{y_c} = \int_A z_c^2\,\mathrm{d}A,\ I_{z_c} = \int_A y_c^2\,\mathrm{d}A,\ I_{y_c z_c} = \int_A y_c z_c\,\mathrm{d}A \tag{4-36}$$

现取任意直角坐标系，并使 y 轴和 z 轴分别平行于 y_c 和 z_c 轴，它们之间的距离为 b 和 a，则图形对 y 轴和 z 轴的惯性矩和惯性积分别为

$$I_y = \int_A z^2\,\mathrm{d}A,\ I_z = \int_A y^2\,\mathrm{d}A,\ I_{yz} = \int_A yz\,\mathrm{d}A \tag{4-37}$$

由图 4-34 知

$$y = y_c + a,\ z = z_c + b \tag{4-38}$$

将式 (4-38) 代入式 (4-37)，得

$$I_y = \int_A z^2 \, \mathrm{d}A = \int_A (z_c + b)^2 \, \mathrm{d}A = \int_A z_c^2 \, \mathrm{d}A + 2b \int_A z_c \, \mathrm{d}A + b^2 \int_A \mathrm{d}A$$

$$I_z = \int_A y^2 \, \mathrm{d}A = \int_A (y_c + b)^2 \, \mathrm{d}A = \int_A y_c^2 \, \mathrm{d}A + 2a \int_A y_c \, \mathrm{d}A + a^2 \int_A \mathrm{d}A$$

$$I_{yz} = \int_A yz \, \mathrm{d}A = \int_A (y_c + a)(z_c + b) \, \mathrm{d}A = \int_A y_c z_c \, \mathrm{d}A + a \int_A z_c \, \mathrm{d}A + b \int_A y_c \, \mathrm{d}A + ab \int_A \mathrm{d}A$$

以上各式中，$\int_A z_c \mathrm{d}A$ 和 $\int_A y_c \mathrm{d}A$ 分别为图形对形心轴 y_c 和 z_c 的静矩，其值应为零，而 $\int_A \mathrm{d}A = A$，如再应用式（4-36），则上面三式简化为

$$\left.\begin{array}{l} I_y = I_{y_c} + b^2 A \\ I_z = I_{z_c} + a^2 A \\ I_{yz} = I_{y_c z_c} + abA \end{array}\right\} \tag{4-39}$$

公式（4-39）为惯性矩和惯性积的平行移轴公式。

4.2.4　梁的剪应力

（1）剪应力分布规律假设

设在任意荷载作用下的矩形截面梁如图 4-35（a）所示，其任意横截面上的剪力 V 与弯矩 M 分别引起该截面上的剪应力和正应力。剪力 V 与截面对称轴 y，重合，如图 4-35（b）所示。

在求剪应力时，对剪应力的分布作如下假设：

1）横截面上各点的剪应力方向均与两侧边平行。

2）剪应力沿矩形截面宽度均匀分布，即在横截面上距中性轴等距的各点处的剪应力大小相等。根据进一步的研究指出，当横截面的高度 h 大于其宽度 b 时，由上述假设所建立的剪应力公式是足够准确的。

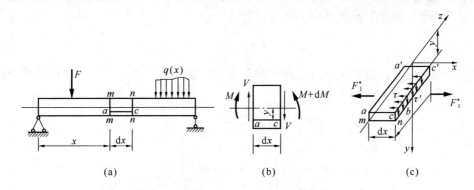

图 4-35　矩形截面梁横截面上的剪应力

（2）矩形截面梁的剪应力计算公式

根据以上假设，可以推导出矩形截面梁横截面上任意一点处剪应力的计算公式为：

$$\tau(y) = \frac{V S_z^*}{b I_z} \tag{4-40}$$

式中　V——横截面上的剪力；

　　　b——所求点处截面宽度；

I_z——横截面对中性轴的惯性矩；

S_z^*——所求点处以外部分的横截面对中性轴的静矩。

用上式计算时，V 与 S_z^* 均用绝对值代入即可。

对指定截面而言，式（4-40）中，V，b，I_z 为常量，剪应力沿截面高度的变化规律由静矩 S_z^* 来决定。

$$S_z^* = \int_{A^*} y\mathrm{d}A = \int_y^{\frac{h}{2}} yb\,\mathrm{d}y = \frac{b}{2}\left(\frac{h^2}{4} - y^2\right) \tag{4-41}$$

从而可得横截面上剪应力沿高度的分布规律

$$\tau = \frac{V}{2I_z}\left(\frac{h^2}{4} - y^2\right) \tag{4-42}$$

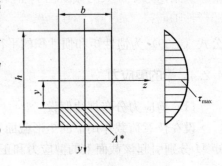

由式（4-42）可见，矩形截面高度上剪应力按抛物线规律变化，如图 4-35 所示。当 $y = \pm h/2$ 时，$\tau = 0$，即截面上，下边缘处无剪应力。当 $y = 0$ 时，剪应力有极大值，这表明最大剪应力发生在中性轴上，其值为 $\tau_{\max} = \dfrac{Vh^2}{8I_z}$，将 $I_z = \dfrac{bh^3}{12}$ 代入上式，得

$$\tau_{\max} = \frac{3V}{2bh} = \frac{3V}{2A} \tag{4-43}$$

式中 A——矩形截面面积；

$\dfrac{V}{A}$——平均剪应力。

图 4-36 矩形截面梁横截
面上剪应力分布图

式（4-43）说明矩形截面梁横截面上的最大剪应力值比平均剪应力值大 50%。

（3）工字形截面梁的剪应力

工字形截面梁由腹板和翼缘组成 [图 4-37（a）]。腹板是一个狭长的矩形，所以，它的剪应力可以完全采用矩形截面剪应力的计算公式

$$\tau = \frac{VS_z^*}{dI_z} \tag{4-44}$$

剪应力沿高度方向按二次曲线规律变化，在中性轴上剪应力为最大，这也是整个截面的最大剪应力，如图 4-37（b）所示。

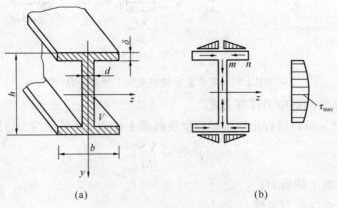

(a)　　　　　　　　　　(b)

图 4-37 工字形截面梁的剪应力

$$\tau_{max} = \frac{VS_{zmax}^*}{dI_z} \qquad (4\text{-}45)$$

式中　S_{zmax}^*——中性轴一边半个截面面积对中性轴的静矩；

d——腹板的宽度；

I_z——整个截面对中性轴的惯性矩。

对于轧制的标准型钢，可通过查型钢规格表确定 I_z 及 S_{zmax}^* 的值。

工字钢翼缘部分的剪应力比较复杂，其值与腹板相比较小，通常忽略不计。

4.2.5　梁的强度计算

梁在发生弯曲变形时，纵向纤维的挤压应力与横截面上的最大正应力相比很小，故忽略不计。梁内弯矩最大的截面距中性轴最远的点正应力最大，由于该点为单向应力状态，可仿照杆件轴向拉（压）杆的强度条件形式建立梁的正应力强度条件，即

$$\sigma_{max} = \frac{M_{max}}{I_z} y_{max} \leqslant [\sigma] \qquad (4\text{-}46)$$

或

$$\sigma_{max} = \frac{M_{max}}{W_z} \leqslant [\sigma] \qquad (4\text{-}47)$$

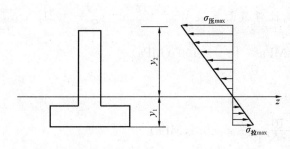

图 4-38　不对称截面上正应力分布图

由以上强度条件可知，当梁上危险截面危险点处的最大正应力超过材料的极限应力时，梁将会破坏。因此，根据强度条件可校核梁的强度，选择截面或计算许用荷载。值得注意的是，若由脆性材料（如铸铁等）制成的梁，由于脆性材料的许用拉应力远远小于许用压应力，故横截面通常制成不对称的，使横截面上最大拉应力降低（图 4-38）。

不同材料的许用应力 $[\sigma]$，可查有关规范确定。

梁在横力弯曲情况下，横截面上的最大剪应力一般在中性轴上，而中性轴上的正应力为零，所以该点为纯剪应力状态，由此，可建立梁的剪应力强度条件。在最大剪力所在的截面上，中性轴上的各点剪应力值最大，即

$$\tau_{max} = \frac{VS_{zmax}^*}{bI_z} \leqslant [\tau] \qquad (4\text{-}48)$$

式中，$[\tau]$ 为材料的许用剪应力，由规范中查出。式（4-48）即为剪应力强度条件。

一般情况下，梁的设计是由正应力强度条件决定的，而利用剪应力强度条件进行校核。实际上梁的截面根据正应力强度条件选择后，通常不再需要进行剪应力强度校核，只有以下几种特殊情况，需要校核梁的剪应力：

1）梁的跨度较小或支座附近作用有较大的集中荷载时，可能出现弯矩较小而剪力较大的情况。

2）由于木材顺纹方向的许用剪应力比许用正应力小得多，因此，木质梁有可能在中性层上发生剪切破坏。

3）在焊接或铆接的组合截面（例如工字型）钢梁中，当腹板的厚度与梁高之比小于型钢截面的相应比值时，需要校核剪应力强度。

【例 4-6】 某工字钢简支梁，承受如图 4-39（a）所示的荷载。已知 $l=1\text{m}$，$a=0.2\text{m}$，$q=8\text{kN/m}$，$F=180\text{kN}$，材料的许用应力 $[\sigma]=160\text{MPa}$，$[\tau]=100\text{MPa}$，若选择工字钢型号为 I25b，问此梁是否安全？

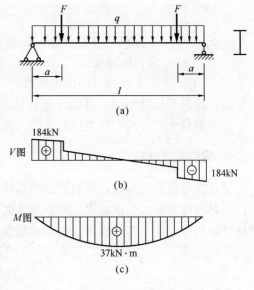

图 4-39 例 4-6 图

【解】 如图 4-39（b）、（c）所示，梁的最大弯矩在跨中，即：

$$M_{\max}=\frac{1}{8}ql^2+Fa$$
$$=\frac{1}{8}\times 8\times 1^2+180\times 0.2$$
$$=37(\text{kN}\cdot\text{m})$$

最大剪力在支座处，$V_{\max}=\frac{1}{2}ql+F=\frac{1}{2}\times 8\times 1+180=184$（kN）

（1）校核正应力强度

查附录型钢规格表表 3 知，I25b 工字钢抗弯截面系数 $W_z=423\text{cm}^3$，$\dfrac{I_z}{S_{z\max}^*}=21.3\text{cm}$，$d=1\text{cm}$，所以，$\sigma_{\max}=\dfrac{M_{\max}}{W_z}=\dfrac{37\times 10^3}{423\times 10^{-6}}=88\text{MPa}<[\sigma]=100$（MPa）

正应力满足强度要求。

（2）校核剪应力强度

$$\tau_{\max}=\frac{V_{\max}S_{z\max}^*}{dI_z}=\frac{V_{\max}}{d\dfrac{I_z}{S_{z\max}^*}}=\frac{184\times 10^3}{21.3\times 10^{-2}\times 10^{-2}}=86.4(\text{MPa})$$

梁满足剪应力强度条件，故此梁是安全的。

4.2.6 提高梁弯曲强度的措施

在工程中，为使梁达到既经济又安全的要求，采用的材料量应较少且价格便宜，同时梁又具有较高的强度。因弯曲正应力是控制梁强度的主要因素，所以，主要依据正应力强度条件来讨论提高梁强度的措施。由等直梁的正应力强度条件：

$$\sigma_{\max}=\frac{W_{\max}}{W_z}\leqslant[\sigma]\tag{4-49}$$

可以看出，梁横截面上最大正应力与最大弯矩成正比，与抗弯截面系数成反比。所以提高梁的弯曲强度主要从降低最大弯矩值和增大抗弯截面系数这两方面进行。

（1）降低最大弯矩值

最大弯矩 $M_{\max}$ 不仅与支承及荷载的大小有关，而且与荷载作用的方式有关。荷载的大小是由工作需要而定，在使用要求允许的情况下，合理安排梁的受力情况，能降低最大弯矩值。

1）合理布置梁的支座

以简支梁受均布荷载作用为例，如图 4-40（a）所示，跨中最大弯矩 $M_{\max}=\dfrac{1}{8}ql^2$，若将两端的支座各向中间移动 $0.2l$，如图 4-40（b）所示，最大弯矩 $M_{\max}=\dfrac{1}{40}ql^2$，仅为前者的

$\dfrac{1}{5}$。因而在同样荷载作用下，梁的截面可减小，这样就大大节省了材料并减轻了自重。

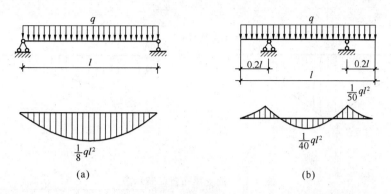

图 4-40　简支梁支座移动示意

2）改善荷载的布置情况

若结构上允许把集中荷载分散布置，可以降低梁的最大弯矩值。例如简支梁在跨中受一集中力 F 作用如图 4-41（a）所示，其 $M_{max}=\dfrac{1}{4}Fl$；若在 AB 梁上安置一根短梁 CD，如图 4-41（b）所示，最大弯矩将减小为 $M_{max}=\dfrac{1}{8}Fl$，仅为前者的 $\dfrac{1}{2}$。又如将集中力 F 分散为均布荷载 $q=\dfrac{F}{l}$，其最大弯矩减小为 $M_{max}=\dfrac{1}{8}ql^{2}=\dfrac{1}{8}Fl$，只有原来的 $\dfrac{1}{2}$。

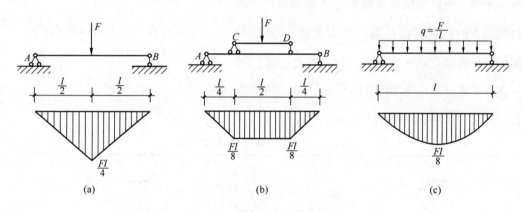

图 4-41　简支梁改变荷载示意

3）合理布置荷载作用位置

将荷载布置在靠近支座处比布置在跨中时的最大弯矩值要小得多。例如承受集中力 F 作用的简支梁，荷载作用在梁中点时，如图 4-42（a）所示，最大弯矩 $M_{max}=\dfrac{1}{8}Fl$，若荷载靠近支座作用，如图 4-42（b）所示，则最大弯矩 $M_{max}=\dfrac{5}{36}Fl$，减小近一半且随着荷载离支座距离的缩小而继续减小。

4）适当增加梁的支座

由于梁的最大弯矩与梁的跨度有关，增加支座可以减小梁的跨度，从而降低最大弯矩值。例如均布荷载作用的简支梁，在梁中间增加一个支座，如图 4-43 所示，则 $|M_{max}|=$

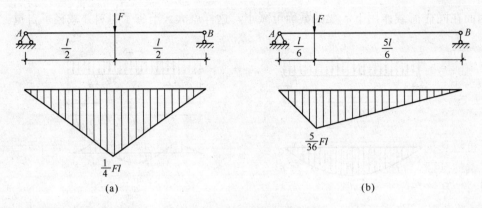

图 4-42 简支梁布置荷载示意

$\frac{1}{32}ql^2$，只是原梁的 $\frac{1}{4}$。

（2）选择合理的截面形状

1）选择抗弯截面系数 W_z 与截面面积 A 比值高的截面

梁所能承受的弯矩与抗弯截面系数 W_z 成正比，W_z 不仅与截面的尺寸有关，还与截面的形状有关。梁的横截面面积愈大，W_z 也愈大，但消耗的材料也多。所以梁的合理截面应该是用最小的面积得到最大的抗弯截面系数。若用比值 $\dfrac{W_z}{A}$ 来衡量截面的经济程度，该比值愈大，截面就愈经济合理。

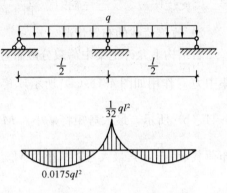

图 4-43 增加梁的支座示意

表 4-3 列出了几种常用截面形状 $\dfrac{W_z}{A}$ 的比值。从表中可看出，圆形截面的比值最小，矩形截面次之，工字钢及槽钢较好。

表 4-3　几种常用截面 W_z/A 的比值

截面形状	b × h 矩形	d 圆形	D 圆环 $d=0.8D$	槽钢 h	工字钢 h
W_z/A	$0.167h$	$0.125d$	$0.205D$	$(0.27\sim0.31)\,h$	$(0.27\sim0.31)\,h$

截面形状的合理性，可以从正应力分布来说明。弯曲正应力沿截面高度呈线性规律分布，在中性轴附近正应力很小，这部分材料没有得到充分的利用。因此应把中性轴附近的材料尽量减少，而将大部分材料布置到距中性轴较远的位置。所以，在工程上常采用工字形、圆环形、箱形等截面形式。建筑中常见的空心板也是根据这个道理制作的。

2）根据材料的特性选择截面

由正应力强度条件

$$\sigma_{l\max} = \frac{M_{\max}}{W_l} = \frac{M_{\max}}{I}y_1 \leqslant [\sigma_l]$$

96

$$\sigma_{y\max} = \frac{M_{\max}}{W_y} = \frac{M_{\max}}{I} y_2 \leqslant [\sigma_y] \tag{4-50}$$

当截面的最大拉应力与压应力同时达到其许用值时，材料才能得到充分利用，故同时满足以上两式的截面形状才是合理的。由以上两式取等号相比得：

$$\frac{[\sigma_l]}{[\sigma_y]} = \frac{y_1}{y_2} \tag{4-51}$$

其中 y_1 与 y_2 分别为截面受拉与受压边缘离中性轴的距离。

对于抗拉和抗压强度相等的塑性材料，由于 $[\sigma_l] = [\sigma_y]$，则要求 $y_1 = y_2$，应采用对称于中性轴的截面，如矩形、圆形、工字形等截面。

对于抗拉和抗压强度不相等的脆性材料，由于 $[\sigma_l] \neq [\sigma_y]$，则要求 $y_1 \neq y_2$，应采用不对称于中性轴的截面，如 T 形、槽形等截面。还应注意脆性材料的 $[\sigma_y]$ 往往比 $[\sigma_l]$ 大得多，因此受压边缘离中性轴的距离 y_2 应较大。

（3）采用变截面梁

等截面梁的截面尺寸是由最大弯矩 $M_{\max}$ 确定的，其他截面由于弯矩小，最大应力都未达到许用应力值，材料未得到充分利用。为了充分发挥材料的潜力，在弯矩较大处采用较大截面，而在弯矩较小处采用较小截面。这种横截面沿梁轴线变化的梁称为变截面梁。若变截面梁各横截面上的最大正应力都恰好等于材料的许用应力，称为等强度梁。

等强度梁的 $W_z(x)$ 沿梁轴线变化的规律为：

$$W_z(x) = \frac{M(x)}{[\sigma]} \tag{4-52}$$

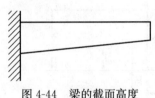

图 4-44　梁的截面高度
变化示意

式中　$M(x)$——任意截面的弯矩；

$W_z(x)$——任一截面的抗弯截面系数。

从强度观点看，等强度梁是最理想的，但因截面变化，这种梁的施工较困难。因此在工程上常采用形状简单的变截面梁来代替理论上的等强度梁。例如，阳台及雨篷挑梁，如图 4-44 所示，梁的截面高度是变化的，自由端较小，固定端较大。

上岗工作要点

1. 在实际工作中，学会使用强度条件式解决轴向拉（压）杆强度计算。

2. 了解梁的正应力与剪应力，在实际工作中，能够依据梁的强度计算公式进行计算。

思　考　题

4-1　什么叫应力？简述应力和内力的异同点。

4-2　胡克定律的表达形式有几种？它的适用范围是什么？

4-3　如何衡量材料的塑性？所谓的塑性材料和脆性材料是指什么？两者的力学性能有哪些主要区别？

4-4　写出低碳钢拉伸过程中四个阶段的特点及相应的应力极限。

4-5　轴力和截面面积相等，而材料和截面形状不同的两根拉杆，在应力均匀分布的条件下，它们的应力是否相同？为什么？

4-6 提高梁弯曲强度的措施有哪些?

习 题

4-1 试求如图 4-45 所示的各杆指定截面上的轴力,并作各杆的轴力图。

4-2 已知一木架受力如图 4-46 所示,立架左右立柱的横截面面积 $A=12\text{cm} \times 12\text{cm}$。试作立柱的轴力图,并求立柱各段截面上的应力。

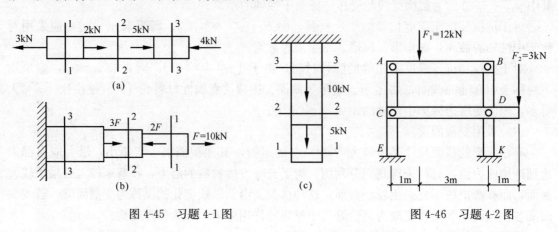

图 4-45 习题 4-1 图   图 4-46 习题 4-2 图

4-3 试求图 4-47 所示梁横截面上的最大正应力和最大剪应力。

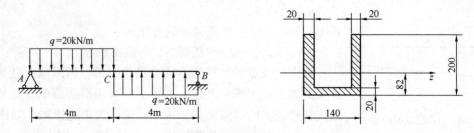

图 4-47 习题 4-3 图

4-4 一外伸工字形钢梁,工字钢的型号为 No22a,梁上荷载如图 4-48 所示。已知 $l=6\text{m}$, $F=30\text{kN}$, $q=6\text{kN/m}$, $[\sigma]=170\text{MPa}$, $[\tau]=100\text{MPa}$,检查此梁是否安全。

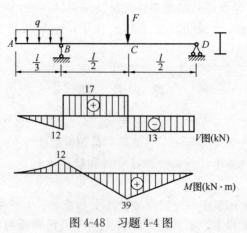

图 4-48 习题 4-4 图

第5章　杆件的变形与刚度计算

重 点 提 示

1. 掌握轴向拉杆和压杆变形的计算以及胡克定律。
2. 掌握用积分法和叠加法求梁的变形及梁的挠度与转角。
3. 了解轴向拉伸与压缩的变形特点。

5.1　拉杆和压杆的变形

5.1.1　绝对变形

直杆受一对轴向拉力 F 作用时，在纵向（轴线方向）会发生伸长变形，若杆长为 l，伸长变形后长度为 l_1，如图 5-1 所示，则实际伸长量 $\Delta l = l_1 - l$，称为杆的绝对变形。

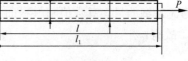

图 5-1　杆件变形图

5.1.2　相对变形

上面定义了绝对变形的概念，为了能了解杆件变形的强弱程度，常用相对变形 $\varepsilon = \dfrac{\Delta l}{l}$ 表示杆件单位长度伸长量，称 ε 为纵向线应变。杆件由于受轴向拉力作用，发生伸长变形，ε 为正，称拉应变。

5.1.3　横向变形

设拉杆原横向尺寸为 d，受力后缩小到 d_1（图 5-1），则其横向变形为：

$$\Delta d = d_1 - d \tag{5-1}$$

与之相应的横向线应变 ε' 为：

$$\varepsilon' = \frac{\Delta d}{d} \tag{5-2}$$

显然，ε 和 ε' 都是无量纲的量，其正负号分别与 Δl 和 Δd 的正负号一致。在拉伸时，ε 为正，ε' 为负；在压缩时，ε 为负，ε' 为正。上述的一些概念同样适用于压杆。

【例 5-1】　图 5-2 为一阶梯杆，两段的横截面面积为 $A_1 = 3\text{cm}^2$，$A_2 = 6\text{cm}^2$。杆端的荷载 $F_1 = 8\text{kN}$，C 截面的荷载 $F_2 = 18\text{kN}$，材料的弹性模量 $E = 2 \times 10^5 \text{MPa}$，试求杆端 B 的水平位移 Δ_B。

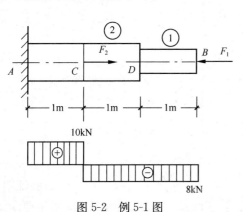

图 5-2　例 5-1 图

【解】 端截面 B 的水平位移实际上就是 AB 杆长度的变化量 Δl，由于杆的横截面不是常数，杆件的轴力 AC 段 $N_{AC}=10$kN（拉），CB 段 $N_{CB}=8$kN（压），故应分三段（AC 段、CD 段、DB 段）来计算杆的变形，然后取其代数和。

设 DB 段的变形为 Δl_1，则

$$\Delta l_1 = \frac{N_{DB}l_1}{EA_1} = \frac{-8\times10^3\times1}{2\times10^{11}\times3\times10^{-4}} = -0.133\times10^{-3}(\text{m})(\text{缩短})$$

设 CD 段的变形为 Δl_2，则

$$\Delta l_2 = \frac{N_{CD}l_2}{EA_2} = \frac{-8\times10^3\times1}{2\times10^{11}\times6\times10^{-4}} = -0.067\times10^{-3}(\text{m})(\text{缩短})$$

设 AC 段的变形为 Δl_3，则

$$\Delta l_3 = \frac{N_{AC}l_3}{EA_2} = \frac{10\times10^3\times1}{2\times10^{11}\times6\times10^{-4}} = 0.083\times10^{-3}(\text{m})(\text{伸长})$$

故杆的总变形，即杆端位移 Δ_B 为

$$\Delta_B = \Delta l = \Delta l_1 + \Delta l_2 + \Delta l_3 = (-0.133-0.067+0.083)\times10^{-3}$$
$$= -0.117\times10^{-3}(\text{m}) = -0.117(\text{mm})(\text{缩短})$$

实验结果表明，当杆件应力不超过比例极限时，横向线应变 ε' 与纵向线应变 ε 的绝对值之比为一常数，此比值称为横向变形系数或泊松比，用 μ 表示，即：

$$\mu = \left|\frac{\varepsilon'}{\varepsilon}\right| \tag{5-3}$$

μ 为无量纲的量，其数值随材料而异，可通过试验测定。考虑到应变 ε' 和 ε 的正负号总是相反，故有：

$$\varepsilon' = -\mu\varepsilon \tag{5-4}$$

弹性模量 E 和泊松比 μ 都是反映材料弹性性能的物理量。表 5-1 列出了几种材料的 E 和 μ 值。

表 5-1　几种材料的 E 和 μ 值

材料名称	E（10^3MPa）	μ
碳　钢	196～206	0.24～0.28
合 金 钢	194～206	0.25～0.30
灰口铸铁	113～157	0.23～0.27
白口铸铁	113～157	0.23～0.27
纯　铜	108～127	0.31～0.34
青　铜	113	0.32～0.34
冷拔黄铜	88.2～97	0.32～0.42
硬铝合金	69.6	—
轧 制 铝	65.7～67.6	0.26～0.36
混　凝　土	15.2～35.8	0.16～0.18
橡　胶	0.00785	0.461
木材（顺纹）	9.8～11.8	0.539
木材（横纹）	0.49～0.98	—

对于工程上常用的材料，如低碳钢、合金钢等所制成的轴向拉（压）杆，由实验证明：当杆的应力未超过某一极限时，纵向变形 Δl 与外力 P、杆长 l 及横截面面积 A 之间存在如

下比例关系：

$$\Delta l \propto \int \frac{Pl}{A}$$

引入比例常数 E，则有：

$$\Delta l = \frac{Pl}{EA} \tag{5-5}$$

在内力不变的杆段中 $N=P$，可将上式改写成：

$$\Delta l = \frac{Nl}{EA} \tag{5-6}$$

这一比例关系，是 1678 年首先由英国科学家胡克提出的，故称为胡克定律。式中比例常数 E 称为弹性模量，从式（5-6）知，当其他条件相同时，材料的弹性模量越大，则变形越小，它表示材料抵抗弹性变形的能力。E 的数值随材料而异；是通过试验测定的，其单位与应力单位相同。EA 称为杆件的抗拉（压）刚度，对于长度相等，且受力相同的拉杆，其抗拉（压）刚度越大，则变形就越小。

将式 $\varepsilon = \frac{\Delta l}{l}$，$\sigma = \frac{N}{A}$ 代入式（5-6）可得：

$$\sigma = E \cdot \varepsilon \tag{5-7}$$

式（5-7）是胡克定律的另一表达形式，它表明当杆件应力不超过某一极限时，应力与应变成正比。

上述的应力极限值，称为材料的比例极限，用 σ_p 表示。

5.2　梁弯曲时的变形

5.2.1　梁挠曲线近似微分方程

梁在外力作用下除了限制其应力，使其满足强度条件外，还必须限制它的变形，即必须具有足够的刚度，满足刚度条件。例如，屋架上的檩条，如果弯曲变形太大，屋面就会因凹凸不平而漏水；楼板弯曲变形太大，则平顶下面的粉刷层就会剥落，不但影响美观，而且给人以不安全的感觉。要限制梁的变形，满足刚度要求，首先必须研究梁的变形，然后建立梁变形的计算式。另外，在解超静定梁的支座反力时，也需要借助于梁的变形计算式。

图 5-3（a）为一矩形截面悬臂梁，集中力 F 作用在梁的纵向对称平面内，发生平面弯曲。梁的轴线在弯曲后为一条连续光滑的平面曲线，这条曲线称为梁的挠曲线，或称梁的弹性曲线。图 5-3（b）中 AB 代表梁在变形前的轴线，AB' 表示梁变形后的挠曲线。梁上任一点 C，在变形后移到 C'。由于梁的变形很小，水平方向的位移可以略去不计，即认为 C 点只有垂直方向的位移 CC'，CC' 称为 C 点的挠度，用 ν_C 表示。此时垂直于梁轴的横截面同时转动了一个角度，称为转角，用 θ_C 表示。我们对梁的挠度和转角的正负号作如下规定：挠度向下为正，向上为负；转角代表横截面转动的角度，以顺时针转为正，反之为负。

梁的变形可用挠度与转角两个量来度量，在建

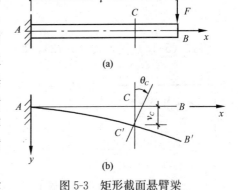

图 5-3　矩形截面悬臂梁

101

筑工程中梁的挠度是度量梁的变形的主要指标，要求将其限制在一定的范围之内。

如取图 5-3（b）中所选的坐标系，各横截面的挠度 ν 是 x 的函数，可写成

$$\nu = f_1(x)$$

此式为挠曲线方程式，它表示挠度沿跨长而变化的规律。

梁横截面的转角 θ 也是 x 的函数，亦可写成

$$\theta = f_2(x) \tag{5-8}$$

从图 5-3（b）可得出梁某一截面 C 的挠度和转角的关系，即

$$\tan\theta = \frac{\mathrm{d}\nu}{\mathrm{d}x} = \nu' \tag{5-9}$$

因为挠曲线是一条非常平坦的平面曲线，故 θ 是一个非常小的角度，所以

$$\theta \approx \tan\theta = \nu' \tag{5-10}$$

上式表示截面的转角，可近似地等于挠曲线上与该截面对应的点的斜率。

在纯弯曲情况下，曾得到曲率公式，即

$$\frac{1}{\rho} = \frac{M}{EI_z} \tag{5-11}$$

式中 E——梁的抗弯刚度；

ρ——挠曲线的曲率半径。

有时将 I_z 简写成 I，上式可写为：

$$\frac{1}{\rho} = \frac{M}{EI} \tag{5-12}$$

工程中的梁一般为横力弯曲的梁，弯矩和剪力同时存在，它们都将引起梁的变形，而式（5-12）只代表弯矩引起的曲率，而没有包括剪力引起的。但是当梁的跨度远大于横截面的高度，剪力引起的变形与弯矩引起的变形相比太小，可忽略不计。这样式（5-12）可作为横力弯曲时计算弯曲变形的基本公式。但必须注意在横力弯曲时，弯矩和曲率均随横截面位置的变化而变化，也是 x 的函数，即

$$\frac{1}{\rho(x)} = \frac{M(x)}{EI} \tag{5-13}$$

由数学公式知，平面曲线的曲率公式为

$$\frac{1}{\rho(x)} = \frac{\nu''}{[1+(\nu')^2]^{3/2}} \tag{5-14}$$

因为挠曲线是一条极为平坦的平面曲线，$(\nu')^2$ 与 1 相比很小，可也略去不计，于是得近似式：

$$\frac{1}{\rho(x)} = \pm\nu'' \tag{5-15}$$

将式（5-15）代入式（5-12），得

$$\pm\nu'' = \frac{M(x)}{EI} \tag{5-16}$$

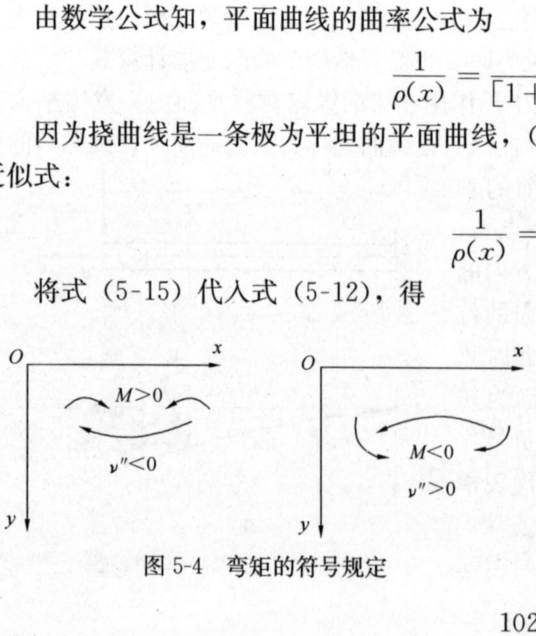

图 5-4 弯矩的符号规定

按照前面关于弯矩的符号规定，ν'' 与 M 的符号相反，如图 5-4 所示，所以式（5-16）应取负号。

$$\nu'' = -\frac{M(x)}{EI} \tag{5-17}$$

这就是挠曲线的近似微分方程。将式（5-17）积分一次，可得到转角方程，再积分一次可得到挠度方程。

【例 5-2】 一等截面的悬臂梁，如图 5-5 所示，梁的抗弯刚度为 EI，求自由端的挠度 ν_B 和转角 θ_B。

【解】 取坐标系如图 5-5 所示，则弯矩方程为

$$M(x) = -F(l-x)$$

挠曲线的近似微分方程为

$$EI\nu'' = -[-F(l-x)] = Fl - Fx$$

将上式积分一次得

$$EI\nu' = Flx - \frac{Fx^2}{2} + C$$

再积分一次

$$EI\nu = \frac{Fl}{2}x^2 - \frac{Fx^3}{6} + Cx + D$$

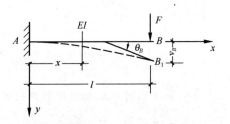

图 5-5 例 5-2 图

由梁的边界条件确定积分常数 C 和 D。梁的边界条件是固定端截面的转角和挠度等于零。即

$$x = 0, \theta = \nu' = 0; x = 0, \nu = 0$$

将上述边界条件代入 $EI\nu' = Flx - \dfrac{Fx^2}{2} + C$ 和 $EI\nu = \dfrac{Fl}{2}x^2 - \dfrac{Fx^3}{6} + Cx + D$ 得

$$C = 0, \quad D = 0$$

故梁的转角方程和挠度方程分别为

$$EI\theta = EI\nu' = Flx - \frac{F}{2}x^2$$

$$EI\nu = \frac{Fl}{2}x^2 - \frac{F}{6}x^3$$

将 $x = 1$，代入上式，即可求出自由端的转角 θ_B 和挠度 ν_B。

$$\theta_B = \frac{1}{EI}\left(Fl^2 - \frac{1}{2}Fl^2\right) = \frac{Fl^2}{2EI}$$

$$\nu_B = \frac{1}{EI}\left(\frac{Fl^3}{2} - \frac{Fl^3}{6}\right) = \frac{Fl^3}{3EI}$$

转角 θ_B 为正，表示 B 截面顺时针转动。挠度 ν_B 也为正，表示挠度向下。

5.2.2 积分法计算梁的挠度与转角

对等截面梁，EI 是常量，积分后得

$$EI\nu' = -\int M(x)\mathrm{d}x + C \tag{5-18}$$

$$EI\nu'' = -\iint M(x)\mathrm{d}x \cdot \mathrm{d}x + Cx + D \tag{5-19}$$

式中，C 和 D 是积分常数，在梁的挠曲线上某些点的挠度或转角是已知的。例如，简支梁简支端的挠度等于零，悬臂梁固定端的挠度和转角均为零，这些条件即边界条件。此外，当全梁有两个或两个以上弯矩方程时，例如简支梁跨中作用集中力 F 时，将分段建立梁的挠曲线近似微分方程式，然后分段积分，得到两倍 n 段的积分常数，此时可利用连续条件补充

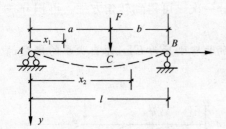

图 5-6　例 5-3 图

所需要的条件，从而解出所有的积分常数。因为挠曲线是一条连续光滑的平面曲线，不可能有折角，也就是说挠曲线上任意一点，只有唯一确定的挠度和转角，这就是连续条件。下面通过例题来说明。

【例 5-3】　简支梁上作用集中荷载 F，如图 5-6 所示。梁的抗弯刚度为 EI，求 C 截面的挠度和 A 截面的转角。

【解】　此题需要分两段列出各自的弯矩方程式，因而在计算变形时，也要分段列出挠曲线近似微分方程式，并分段积分。

(1) 支座反力：$R_A = \dfrac{Fb}{l}$，$R_B = \dfrac{Fa}{l}$

(2) 弯矩方程：

AC 段：$M(x_1) = \dfrac{Fb}{l} x_1$　$(0 \leqslant x_1 \leqslant a)$

CB 段：$M(x_2) = \dfrac{Fb}{l} x_2 - F(x_2 - a)$　$(a \leqslant x_2 \leqslant l)$

(3) AC 与 BC 段的挠曲线近似微分方程及其积分

AC 段

$$EIv_1'' = -M(x_1) = \frac{Fb}{l} x_1 \tag{5-20}$$

$$EIv_1' = -\frac{Fb}{2l} x_1^2 + C_1 \tag{5-21}$$

$$EIv_1 = -\frac{Fb}{6l} x_1^3 + C_1 x_1 + D_1 \tag{5-22}$$

CB 段

$$EIv_2'' = -M(x_2) = -\frac{Fb}{l} x_2 + F(x_2 - a) \tag{5-23}$$

$$EIv_2' = -\frac{Fb}{2l} x_2^2 + \frac{F}{2} (x_2 - a)^2 + C_2 \tag{5-24}$$

$$EIv_2 = -\frac{Fb}{6l} x_2^3 + \frac{F}{6} (x_2 - a)^3 + C_2 x_2 + D_2 \tag{5-25}$$

(4) 确定积分常数

积分常数有 C_1，C_2，D_1，D_2 四个，因此，除了两个边界条件

① $x_1 = 0$，$v_A = 0$

② $x_2 = l$，$v_B = 0$

以外，尚须考虑连续条件，在 C 点处既属于 AC 段，又属于 CB 段，而梁弯曲后的变形是连续的，因而从 AC 段的方程计算出 C 点的挠度与转角，应该与由 CB 段方程算出的相等，即

③ $x_1 = x_2 = a$，$v_1' = v_2'$

④ $x_1 = x_2 = a$，$v_1 = v_2$

条件③与④称变形的连续条件，通过以上四个条件，可求出四个积分常数。根据条件③可得

$$-\frac{Fb}{2l} a^2 + C_1 = \frac{-Fb}{2l} a^2 + C_2$$

104

得 $C_1 = C_2$，根据条件④

$$-\frac{Fb}{6l}a^3 + C_1 a + D_1 = -\frac{Fb}{6l}a^3 + C_2 a + D_2$$

得 $D_1 = D_2$，将条件①代入式（5-22），得 $D_1 = 0$。将条件②代入式（5-25），得

$$\frac{F}{6}(l-a)^3 - \frac{Fb}{6l}l^3 + C_2 l = 0$$

故 $C_2 = \dfrac{Fb}{6l}(l^2 - b^2)$

（5）转角方程和挠度方程式

将积分常数代入式（5-21）～式（5-24），即可得到 AC 和 CB 段的转角方程和挠度方程式：$\theta_1 = v_1' = \dfrac{Fb}{6lEI}(l^2 - b^2 - 3x_1^2)$　$(0 \leqslant x_1 \leqslant a)$ （5-26）

AC 段：

$$v_1 = \frac{Fbx_1}{6lEI}(l^2 - b^2 - x_1^2) \quad (0 \leqslant x_1 \leqslant a) \tag{5-27}$$

$$\theta_2 = v_2' = \frac{1}{EI}\left[\frac{Fb}{6l}(l^2 - b^2 - 3x_2^2) + \frac{F(x_2 - a)^2}{2}\right] \quad (a \leqslant x_2 \leqslant l) \tag{5-28}$$

CB 段：

$$v_2 = \frac{1}{EI}\left[\frac{Fbx_2}{6l}(l^2 - b^2 - x_2^2) + \frac{F(x_2 - a)^3}{6}\right] \quad (a \leqslant x_2 \leqslant l) \tag{5-29}$$

（6）求 v_C 和 θ_A

将 $x_1 = a$ 代入式（5-27），或将 $x_2 = a$ 代入式（5-29），便可得到 C 截面的挠度

$$v_C = \frac{Fab}{6lEI}(l^2 - b^2 - a^2)$$

将 $x_1 = 0$ 代入式（5-26），得 A 截面的转角

$$\theta_A = \frac{Fb}{6lEI}(l^2 - b^2)$$

通过转角方程，可定出最大挠度所在截面位置，即转角等于零处挠度有极值，从而求出最大挠度数值。但是在工程上，当挠曲线无拐点时，可由中点挠度近似地代替最大挠度，二者数值很接近，这样可节省计算工作量。

小结：①无论梁分多少段，总有足够的边界条件和连续条件定出所有的积分常数。②用二次积分法求梁的变形，虽然较繁琐，但这是求梁的变形的基本方法，应该很好地掌握。求梁的变形的方法很多，例如，共轭梁法、初参数法、有限差分法等，它们都是从这一基本方法引申出来的。

5.2.3 叠加法计算梁的挠度与转角

前面导出了梁的挠曲线近似微分方程是在小变形和材料服从胡克定律的前提下得到的，其挠度和转角与荷载成正比关系。因此，当梁上有几个荷载共同作用时，梁中某一截面的挠度或转角，即等于各个荷载单独作用下该截面的挠度或转角的代数和。计算时可分别查表5-2 求出各个荷载单独作用时引起的变形，然后叠加之，就可以得到各个荷载共同作用下的

变形，这种计算梁的变形的方法，称叠加法。由于用查表的办法，计算简单，故在实际设计工作中应用较为方便。

表 5-2 梁在简单作用下的变形

序号	梁 的 简 图	挠 曲 线 方 程	端截面转角	最 大 挠 度
1		$\nu = \dfrac{M_e x^2}{2EI}$	$\theta_B = \dfrac{M_e l}{EI}$	$\nu_B = \dfrac{M_e l^2}{2EI}$
2		$\nu = \dfrac{M_e x^2}{2EI}, \quad 0 \leqslant x \leqslant a$ $\nu = \dfrac{M_e a}{EI}\left[(x-a) + \dfrac{a}{2}\right],$ $a \leqslant x \leqslant l$	$\theta_B = \dfrac{M_e a}{EI}$	$\nu_B = \dfrac{M_e a}{EI}\left(l - \dfrac{a}{2}\right)$
3		$\nu = \dfrac{F x^2}{6EI}(3l - x)$	$\theta_B = \dfrac{F l^2}{2EI}$	$\nu_B = \dfrac{F l^3}{3EI}$
4		$\nu = \dfrac{F x^2}{6EI}(3a - x) \quad 0 \leqslant x \leqslant a$ $\nu = \dfrac{F a^2}{6EI}(3x - a) \quad a \leqslant x \leqslant l$	$\theta_B = \dfrac{F a^2}{2EI}$	$\nu_B = \dfrac{F a^2}{6EI}(3l - a)$
5		$\nu = \dfrac{q x^2}{24EI}(x^2 - 4lx + 6l^2)$	$\theta_B = \dfrac{q l^3}{6EI}$	$\nu_B = \dfrac{q l^4}{8EI}$
6		$\nu = \dfrac{M_e x}{6EIl}(l - x)(2l - x)$	$\theta_A = \dfrac{M_e l}{3EI}$ $\theta_B = \dfrac{-M_e l}{6EI}$	$x = \left(1 - \dfrac{1}{\sqrt{3}}\right)l$ $\nu_{max} = \dfrac{M_e l^2}{9\sqrt{3}\,EI}$ $x = \dfrac{l}{2}, \quad \nu_{\frac{l}{2}} = \dfrac{M_e l^2}{16EI}$
7		$\nu = \dfrac{M_e x}{6EIl}(l^2 - x^2)$	$\theta_A = \dfrac{M_e l}{6EI}$ $\theta_B = \dfrac{-M_e l}{3EI}$	$x = \dfrac{l}{\sqrt{3}}$ $\nu_{max} = \dfrac{M_e l^2}{9\sqrt{3}\,EI}$ $x = \dfrac{l}{2}, \quad \nu_{\frac{l}{2}} = \dfrac{M_e l^2}{16EI}$

106

序号	梁 的 简 图	挠 曲 线 方 程	端截面转角	最 大 挠 度
8		$\nu=\dfrac{-M_e x}{6EIl}(l^2-3b^2-x^2)$ $0\leqslant x\leqslant a$ $\nu=\dfrac{-M_e}{6EIl}[-x^3+3l\,(x-a)^2$ $+\,(l^2-3b^2)\,x]$ $a\leqslant x\leqslant l$	$\theta_A=\dfrac{-M_e}{6EIl}(l^2-3b^2)$ $\theta_B=\dfrac{-M_e}{6EIl}(l^2-3a^2)$	
9		$\nu=\dfrac{Fx}{48EI}(3l^2-4x^2)$ $0\leqslant x\leqslant\dfrac{l}{2}$	$\theta_A=-\theta_B$ $=\dfrac{Fl^2}{16EI}$	$\nu=\dfrac{Fl^3}{48EI}$
10		$\nu=\dfrac{Fbx}{6EI}(l^2-x^2-b^2)$ $0\leqslant x\leqslant a$ $\nu=\dfrac{Fb}{6EIl}\Big[\dfrac{l}{b}(x-a)^3$ $+\,(l^2-b^2)\,x-x^3\Big]$ $a\leqslant x\leqslant l$	$\theta_A=\dfrac{Fab\,(l+b)}{6EIl}$ $\theta_B=-\dfrac{Fab\,(l+a)}{6EIl}$	设 $a>b$，在 $x=\sqrt{\dfrac{l^2-b^2}{3}}$ 处 $\nu_{max}=\dfrac{Fb\,(l^2-b^2)^{3/2}}{9\sqrt{3}\,EIl}$ 在 $x=\dfrac{l}{2}$ 处 $\nu_{\frac{l}{2}}=\dfrac{Fb\,(3l^2-4b^2)}{48EI}$
11		$\nu=\dfrac{qx}{24EI}(l^3-2lx^2+x^3)$	$\theta_A=-\theta_B$ $=\dfrac{ql^3}{24EI}$	$\nu=\dfrac{5ql^4}{384EI}$
12		$\nu=\dfrac{-Fax}{6EIl}(l^2-x^2)$ $0\leqslant x\leqslant l$ $\nu=\dfrac{F\,(x-l)}{6EI}$ $[a\,(3x-l)-(x-l)^2]$ $l\leqslant x\leqslant(l+a)$	$\theta_A=-\dfrac{1}{2}\theta_B$ $=\dfrac{-Fal}{6EI}$ $\theta_B=\dfrac{Fa}{6EI}(2l+3a)$	$\nu_C=\dfrac{Fa^2}{3EI}(l+a)$
13		$\nu=\dfrac{M_e x}{6EIl}(x^2-l^2)$ $0\leqslant x\leqslant l$ $\nu=\dfrac{M_e}{6EI}(3x^2-4xl+l^2)$ $l\leqslant x\leqslant(l+a)$	$\theta_A=-\dfrac{1}{2}\theta_B$ $=\dfrac{-M_e l}{6EIl}$ $\theta_C=\dfrac{M_e}{3EI}(l+3a)$	$\nu_C=\dfrac{M_e a}{6EI}(2l+3a)$

【例 5-4】 单轨吊车梁计算简图，如图 5-7（a）所示，吊重为 F，吊车梁自重为 q。试用叠加法求梁的最大挠度。

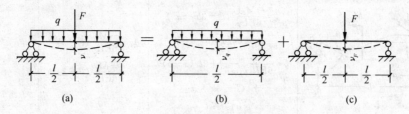

图 5-7　例 5-4 图

【解】 单跨吊车梁可简化为简支梁，当吊车行驶到梁中点起吊重物时，梁的挠度最大，最大挠度发生在梁的中点。查表 5-2，分别查出 F 和 q 作用下的挠度。

在均布荷载 q 作用下的跨中挠度　$\nu_q = \dfrac{5ql^4}{384EI}$

在集中荷载 F 作用下，梁的中点挠度　$\nu_F = \dfrac{Fl^3}{48EI}$

应用叠加法，求 q 与 F 共同作用下的中点最大挠度

$$\nu = \nu_q + \nu_F = \frac{5ql^4}{384EI} + \frac{Fl^3}{48EI}$$

5.3　梁的刚度计算

5.3.1　单位荷载法

在介绍单位荷载法之前，我们来熟悉一下功的概念以及虚功原理。

（1）功的概念

如图 5-8 所示，设物体由 A 移动到 A'，移动的水平位移为 S。作用在物体上的力，其大小和方向在位移过程中不变，力和位移之间的夹角为 θ。则

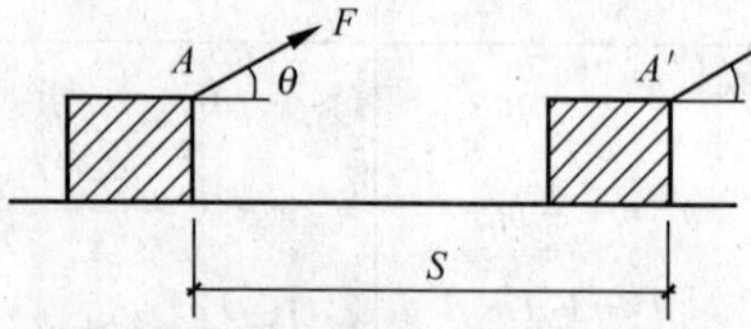

$$W = F \cdot S\cos\theta \tag{5-30}$$

图 5-8　物体位移图

W 为力在位移过程中所做的功。力所做的功等于力的大小、力作用点的位移大小及它们两者之间的夹角余弦三者的乘积。功本身是没有方向的物理量即标量，它的量纲是力乘长度，其单位用 N·m 或 kN·m 来表示。

由式（5-30）可知，一个力所做的功，可能是正值，也可能是负值。当 $\theta < \dfrac{\pi}{2}$ 时，功为正值，$\theta > \dfrac{\pi}{2}$ 时，功为负值。当 $F = 0$，或 $S = 0$，或 $\theta = \dfrac{\pi}{2}$ 时，功均为零。

若力的大小不变但方向在移动的过程中发生改变，而且其作用点不是沿直线而是沿曲线位移，则由积分可知功的表达式为

$$W = F \int_0^S \cos\theta \mathrm{d}S \tag{5-31}$$

上式的积分应沿着位移进行积分。

图 5-9 为一绕点转动的轮子，在轮子的边缘有力的作用，设力的大小不变，方向在改

变，但始终沿着轮子的切线方向，即垂直于轮子的半径。当力的作用点转到 A' 时，即轮子转动 φ 角后，则力所做的功由公式 (5-31) 得

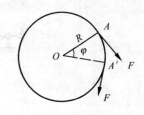

$$W = F\int_0^S \cos 0° \mathrm{d}S = F\int_0^S \mathrm{d}S = FS = FR\varphi \qquad (5\text{-}32)$$

式中　FR——力对点的力矩，以 M 表示，则有

图 5-9　绕点转动的轮子图

$$W = M\varphi \qquad\qquad (5\text{-}33)$$

即力矩所做的功，等于力矩的大小和其所转过的角位移两者的乘积。同理可证力偶所做的功，等于力偶矩的大小和其所转过的角位移两者的乘积。

如图 5-10 (a) 所示简支梁，在梁上平稳、缓慢地作静力加载，荷载由零逐渐增至最终值 F_1 时，力作用点的位移 Δ 也逐渐增大，最后达到 Δ_1。若结构材料符合胡克定律，且结构变形不大时，静力加载过程中力与位移间的关系如图 5-10 (b) 所示。这时，荷载在位移 Δ 上所做的功为

$$W = \frac{1}{2}F_1\Delta_1$$

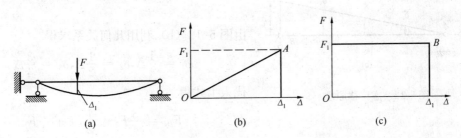

图 5-10　简支梁

公式中的系数 1/2 是因为荷载是从零逐渐增大到 F_1 时，相应的位移也从零逐渐增大到 Δ_1，力与位移呈线性函数关系的缘故。W 值即等于图 5-10 (b) 中三角形 $OA\Delta_1$ 的面积。

常力所做的功则不含系数 1/2，这是因为荷载为恒力，功的大小等于图 5-10 (c) 中矩形 $OF_1B\Delta_1$ 的面积。

当力作用在弹性物体上时，力在其本身引起的位移上所做的功称为实功。

力沿由别的力或其他因素（温度改变、支座移动等）所引起的位移上所做的功称为虚功，即做虚功的力与位移是彼此独立的。

当力的方向与其他因素引起的位移方向一致时，虚功为正值，反之为负值。

(2) 虚功原理

1) 刚体的虚功原理

在虚功中，由于力与位移是彼此独立无关的两个因素，因此，可将二者看成是分别属于同一结构的两种彼此无关的状态，其中力系所属状态称为力状态或第一状态，如图5-11 (a) 所示，位移所属状态称为位移状态或第二状态，如图 5-11 (b) 所示。

在具有理想约束的刚体体系上，如果力状态中的力系满足平衡条件，位移状态中刚体体系的位移符合虚位移的要求，那么，力状态中的力系在位移状态中的虚位移上做的虚功之和等于零。这就是刚体的虚功原理。根据虚设对象的不同，虚功原理可以有两种表达式——虚位移原理和虚力原理，用以解决两类问题。

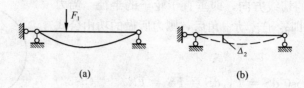

(a)   (b)

图 5-11   位移状态

①虚位移原理

虚位移原理——虚设位移状态，令实际的力系在虚位移上做功。

如图 5-12 所示，在简支梁上作用已知荷载 F_1，F_2 和 F_3，要求支座的反力。

为使该梁发生刚体位移，可将与未知力相应的联系去掉，并以未知力代替其作用，使结

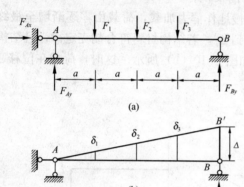

(a)

(b)

图 5-12   虚位移原理

构变成可变体系，如图 5-12（b）所示。令沿其作用线方向产生虚位移 Δ，这就是虚设的位移状态。在如图 5-12（a）所示的力状态与如图 5-12（b）所示的位移状态之间建立的虚功方程为

$$\Delta \times F_{By} - \delta_3 \times F_3 - \delta_2 \times F_2 - \delta_1 \times F_1 = 0$$

$$(5\text{-}34)$$

由图 5-12（b）利用几何关系求得

$$\delta_1 = \frac{1}{4}\Delta, \delta_2 = \frac{1}{2}\Delta, \delta_3 = \frac{3}{4}\Delta \quad (5\text{-}35)$$

代入上式得

$$F_{By} = \frac{3}{4}F_3 + \frac{1}{2}F_2 + \frac{1}{4}F_1 \quad (5\text{-}36)$$

上述计算是在给定的力系与虚设的位移之间应用虚功方程，这种形式的应用又称虚位移原理。用虚位移原理建立的虚功方程反映了力系的平衡条件，可用来求力系中的未知力。

②虚力原理

虚力原理——虚设力状态，令其在实际的位移上做功。

如图 5-13（a）所示的简支梁，现已知 B 点的竖向位移为 Δ，现欲求 C 点的竖向位移 δ_{Cy}，并假定这些位移均符合虚位移的条件。为此，可虚设一个平衡力系作为虚力状态，如图 5-13（b）所示，令虚设的力状态在实际的位移状态上做功，建立虚功方程为

$$F \times \delta_{Cy} - F_{By} \times \Delta = 0 \qquad (5\text{-}37)$$

得

$$\delta_{Cy} = \frac{F_{By} \times \Delta}{F} = \frac{\dfrac{Fa}{l} \times \Delta}{F} = \frac{a}{l}\Delta \qquad (5\text{-}38)$$

这种沿未知位移方向虚设单位荷载 $F=1$ 的方法称为单位荷载法。

上述计算是在给定的位移状态与虚设的力系之间应用虚功原理，这种形式的应用也称虚力原理。

应用虚力原理建立的虚功方程反映了体系的位移协调关系，可以用于计算未知位移。

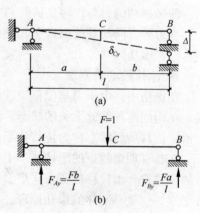

图 5-13   虚力原理

110

2）变形体的虚功原理

前面讨论了刚体的虚功原理，但在实际工程结构中碰到的体系并非刚体，当受到外界因素的影响以后总要产生变形，即所谓变形体。下面将进一步讨论变形体的虚功原理。

如图5-14（a）所示为一平面杆系结构，在外荷载作用下处于平衡状态（称为力状态）。该结构中由于外荷载作用所产生的位移在图5-14（a）中未表示出来，因为它们与目前所讨论的问题无关。图5-14（b）为同一结构由于其他外界原因［在图5-14（b）中未表示出来］的影响而产生的虚位移［图5-14（b）中的虚线］，称为位移状态。这里的虚位移是与力状态毫不相关的，是其他原因引起的，甚至是假想的。而且位移状态中的虚位移必须是微小的，为支承约束条件和变形所允许的。因此，图5-14（b）位移状态可作为图5-14（a）力状态的虚位移。

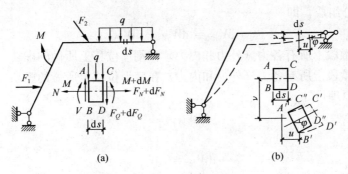

图5-14　力状态和位移状态

（a）力状态；（b）位移状态

现从两个方面来研究其虚功。

①从外力和内力来计算其虚功

从图5-14（a）的力状态中任取出微段 ds 为隔离体，其上作用有外力和两侧截面上的弯矩、剪力和轴力，一般称为内力。在图5-14（b）的位移状态中，同一微段由于其他因素的影响此微段由 $ABCD$ 的初始位置移到 $A'B'C'D'$ 的最终位置。在这一过程中微段上的外力和内力将在相应的位移上分别做虚功。把所有微段的虚功加起来，便得到整个结构的虚功。微段上各力所做的虚功由两部分组成，即

$$\mathrm{d}W_{总} = \mathrm{d}W_{外} + \mathrm{d}W_{内} \tag{5-39}$$

式中　$\mathrm{d}W_{总}$——微段上所有各力所做的虚功；

　　　$\mathrm{d}W_{外}$——微段上外力所做的虚功；

　　　$\mathrm{d}W_{内}$——微段上内力所做的虚功。

将上式沿杆段积分，并把所有杆件的虚功总和起来，就得到整个结构的总虚功为

$$\Sigma \int \mathrm{d}W_{总} = \Sigma \int \mathrm{d}W_{外} + \Sigma \int \mathrm{d}W_{内}$$

简写为

$$W_{总} = W_{外} + W_{内} \tag{5-40}$$

式中　$W_{外}$——整个结构所有外力（包括支座反力）在其相应的虚位移上所做的总虚功，简称外力虚功；

　　　$W_{内}$——所有微段截面上的内力所做虚功的总和。

由于任何两相邻微段的相邻截面上的内力互为作用与反作用力，它们大小相等方向相

111

反，另外虚位移是满足变形连续条件，即两微段相邻截面上的虚位移不存在相互错开、脱离或重叠现象。因此，每一对相邻截面上的内力所做的虚功总是大小相等、正负号相反而相互抵消，故所有微段截面上内力所做的虚功总和必然为零，即

$$W_{内} = 0$$

将上式代入式（5-40），得

$$W_{总} = W_{外} \tag{5-41}$$

即整个结构的总虚功等于外力虚功。

②从刚体和变形体来计算其虚功

图 5-14（b）中微段的虚位移可分解为先只发生刚体位移，即由 $ABCD$ 移到 $A'B'C'D'$ 的位置，然后再发生变形位移，即截面 $A'B'$ 不动，而 $C''D''$ 再移到 $C'D'$。同样在这一过程中的虚功也由两部分组成，即

$$dW_{总} = dW_{刚} + dW_{变} \tag{5-42}$$

式中　$dW_{刚}$——微段上所有各力（外力和内力）在刚体位移上所做的虚功；

　　　$dW_{变}$——微段上所有各力（外力和内力）在变形位移上所做的虚功。

由刚体虚功原理可知

$$dW_{刚} = 0$$

故

$$dW_{总} = dW_{变} \tag{5-43}$$

对于整个结构的总虚功为

$$\sum \int dW_{总} = \sum \int dW_{变} \tag{5-44}$$

即

$$W_{总} = W_{变} \tag{5-45}$$

式中　$W_{变}$——变形体各微段截面上的内力在其变形上所做虚功的总和，即称变形虚功。

比较式（5-41）和式（5-45），即得

$$W_{外} = W_{变} \tag{5-46}$$

式（5-46）称为变形体的虚功方程。

所以，变形体的虚功原理可表述为：变形连续体系处于平衡的必要和充分条件是外力所做的虚功总和等于变形虚功。

（3）单位荷载法

设图 5-15（a）所示刚架（图示为一超静定刚架，但无论结构为静定或超静定，以下讨论和所得公式均适用），由于荷载、支座位移（水平向右移动 c'_C，竖直向下移动 c''_C）和温度变化等作用下，结构变形如图 5-15（a）中虚线所示，这一状态是结构的实际受力和变形状态，如前所述即为位移状态。如果要求点 $K-K'$ 方向的线性位移 Δ_K，可在同一结构所求的点沿所求方向加一单位荷载，即在 K 点沿 K' 方向加虚单位力 $=1$，如图 5-15（b）所示，并取这个虚拟状态作虚力原理的力状态。

根据以上两种状态，可得外力做的虚功 $W_{外}$

$$W_{外} = F_K \Delta_K + \overline{F}_{Cy} c''_C + \overline{F}_{Cx} c'_C \tag{5-47}$$

将 $F_K = 1$ 代入上式，得

$$W_{外} = \Delta_K + \overline{F}_{Cy} c''_C + \overline{F}_{Cx} c'_C \tag{5-48}$$

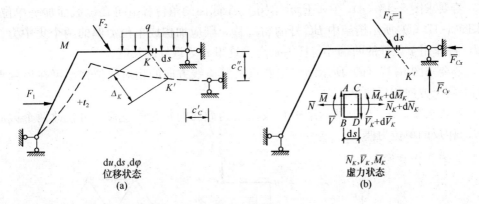

图 5-15 刚架图

下面求结构的变形虚功 $W_{外}$。

如图 5-15 所示，若略去微段上弯矩、轴力和剪力的增量（$\mathrm{d}\overline{M}_K$，$\mathrm{d}\overline{N}_K$，$\mathrm{d}\overline{V}_K$）在这些相应变形上所做虚功的高阶微量，则微段上各力（即图 5-15（b）中微段）在其相应变形上（即图 5-15（a）中同一微段，其微段 $\mathrm{d}s$ 变形如图5-16所示，对于平面杆系结构，微段的变形可以分为弯曲变形 $\mathrm{d}\varphi$、轴向变形 $\mathrm{d}u$ 和剪切变形 $\gamma\mathrm{d}s$）所做的虚功为

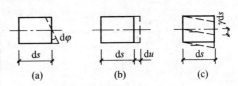

图 5-16 微段 $\mathrm{d}s$ 变形图

$$\mathrm{d}W_{变} = \overline{M}_K\mathrm{d}\varphi + \overline{N}_K\mathrm{d}u + \overline{V}_K\gamma\mathrm{d}s \tag{5-49}$$

对于整个结构，变形总虚功为

$$W_{变} = \sum\int \overline{N}_K\mathrm{d}u + \sum\int \overline{V}_K\gamma\mathrm{d}s + \sum\int \overline{M}_K\mathrm{d}\varphi \tag{5-50}$$

按式（5-45）建立虚功方程，得

$$\Delta_K + \overline{F}_{Cx}c'_C + \overline{F}_{Cy}c''_C =$$
$$\sum\int \overline{N}_K\mathrm{d}u + \sum\int \overline{V}_K\gamma\mathrm{d}s + \sum\int \overline{M}_K\mathrm{d}\varphi \tag{5-51}$$

整理得：

$$\Delta_K = \sum\int \overline{N}_K\mathrm{d}u + \sum\int \overline{V}_K\gamma\mathrm{d}s + \sum\int \overline{M}_K\mathrm{d}\varphi - \sum \overline{R}_K \cdot c \tag{5-52}$$

式中　$\overline{F}_K$，$\overline{N}_K$，$\overline{V}_K$ 和 $\overline{M}_K$——分别为虚设状态由单位荷载 $F_K=1$ 引起的反力、轴力、剪力和弯矩；

　　　　c——支座位移。

式（5-52）就是计算结构位移的一般公式（亦称单位荷载法）。它可以用于计算静定或超静定平面杆件结构由于荷载、温度变化和支座沉陷等因素的作用所产生的位移，并且适用于弹性或非弹性材料的结构。

利用式（5-52）可以计算结构的所有位移，只要在虚设状态中所加的单位力（单位力偶）和所计算的位移相对应即可。

下面以图 5-17 所示的几种情况具体说明。

1）若要求图 5-17（a）、（b）、（c）所示结构上 C 点的竖向线位移，可在该点沿所求位移方向施加一单位力。

2）若要求图 5-17（d）、（e）所示结构上 A 截面的角位移，可在该截面加一单位力偶。如要求图 5-17（f）所示桁架中 BC 杆的角位移，则应加构成单位力偶的两个集中力，其值为 $1/d$，各作用于该杆的两端并与杆轴垂直，这里 d 为该杆的长度。

3）若要求图 5-17（g）所示结构上两点沿其连线方向的相对线位移，可在该两点沿其连接加上两个方向相反的单位力。

4）若要求图 5-17（h）所示结构 C 铰左右两截面的相对角位移，可在此两个截面上加两个方向相反的单位力偶。

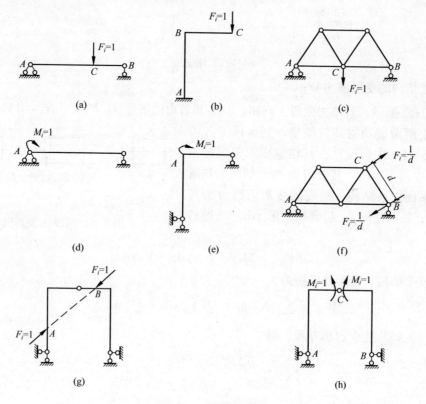

图 5-17 位移变化图

图 5-18（a）所示结构在荷载作用下，其变形如图中虚线所示，这一状态是结构的实际受力和变形状态，也就是位移状态。如要求 K 点 $i—i$ 方向（即 K 点水平方向）的线位移，我们可在同一结构所求的 K 点沿所求的方向加一单位力 $F_i=1$，即建立虚设状态（或称力状态），如图 5-18（b）所示。在结构上截取微段 $\mathrm{d}s$，以 M_F，N_F，V_F 及 $\mathrm{d}\varphi$，$\mathrm{d}u$，$\gamma\mathrm{d}s$ 分别表

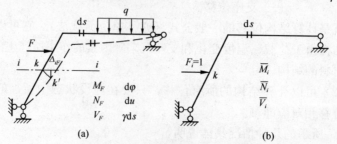

图 5-18 结构在荷载作用下状态图

（a）实际状态（位移状态）；（b）虚设状态（力状态）

示位移状态中微段 ds 的内力和变形；$\overline{M}_i$，$\overline{N}_i$，$\overline{V}_i$ 表示虚设状态中由于单位力作用引起在同一微段 ds 上的内力；Δ_{iF} 表示由于荷载作用下，所要求的 $i-i$ 方向上的位移。由公式（5-49）得

$$F_i\Delta_{iF} = \sum\int \overline{M}_i \mathrm{d}\varphi + \sum\int \overline{N}_i \mathrm{d}u + \sum\int \overline{V}_i\gamma\mathrm{d}s \tag{5-53}$$

由式梁曲率公式 $\dfrac{1}{\rho} = \dfrac{M}{EI_z}$，胡克定律 $\sigma = E\varepsilon$ 和式 $\tau = G\gamma$ 可知，位移状态中微段的变形分别可用其内力来表达：

$$\left.\begin{aligned}
\mathrm{d}\varphi &= \frac{1}{\rho}\mathrm{d}s = \frac{M_F}{EI}\mathrm{d}s \\
\mathrm{d}u &= \varepsilon\mathrm{d}s = \frac{N_F}{EA}\mathrm{d}s \\
\mathrm{d}v &= \gamma\mathrm{d}s = \mu\frac{V_F}{GA}\mathrm{d}s
\end{aligned}\right\} \tag{5-54}$$

将式（5-54）代入式（5-53）得

$$\Delta_{iF} = \sum\int \overline{M}_i\frac{M_F}{EI}\mathrm{d}s + \sum\int \overline{N}_i\frac{N_F}{EA}\mathrm{d}s + \sum\int \overline{V}_i\mu\frac{V_F}{GA}\mathrm{d}s \tag{5-55}$$

式中，EI，EA 和 GA 分别是截面的抗弯、抗拉和抗剪刚度；μ 为截面的剪应力分布不均匀系数（或称截面修正系数）。μ 只与截面的形状有关，如矩形截面 $\mu = 1.2$，圆形截面 $\mu = 32/27$，如果工字形截面 A 只计算腹板的面积，则可取 $\mu = 1$。

式（5-55）为静定结构由荷载作用引起的位移计算公式。计算结果 Δ_{iF} 若为正值，则所求位移方向与虚设状态中单位力 $F_i = 1$ 的方向相同；反之，则方向相反。此外，此公式在推导过程中，没有考虑杆件的曲率对变形的影响，即以直杆推导的，但对一般曲杆，只要曲率不大，仍然可以近似地采用。

式（5-55）在具体计算时比较繁琐，针对不同结构形式，略去次要因素对位移的影响，可得到位移计算的实用公式如下：

1）在梁和刚架中，轴力和剪力所产生的变形影响甚小，可以略去不计，其位移的计算公式可简化为

$$\Delta_{iF} = \sum\int \frac{\overline{M}_i M_F \mathrm{d}s}{EI} \tag{5-56}$$

2）对于比较扁平的拱，当计算精确度要求较高时，除弯矩外还需要考虑轴力的影响，其位移计算公式为

$$\Delta_{iF} = \sum\int \frac{\overline{M}_i M_F \mathrm{d}s}{EI} + \sum\int \frac{\overline{N}_i N_F \mathrm{d}s}{EA} \tag{5-57}$$

一般的实体拱中，只考虑弯矩一项的影响也足够精确。

3）在桁架中，各杆只有轴力，且每一杆件中的轴力、杆长 l 和 EA 均为常数，其位移的计算公式为

$$\Delta_{iF} = \sum\int \frac{\overline{N}_i N_F \mathrm{d}s}{EA} = \sum \frac{\overline{N}_i N_F l}{EA} \tag{5-58}$$

4）对于组合结构的位移计算，可分别考虑，即受弯杆只计弯矩一项的影响，而桁架杆只有轴力一项的影响。其位移计算公式为

$$\Delta_{iF} = \sum\int \frac{\overline{M}_i M_F \mathrm{d}s}{EI} + \sum \frac{\overline{N}_i N_F l}{EA} \tag{5-59}$$

【例 5-5】 如图 5-19（a）所示简支梁，在均布荷载 q 作用下，EI 为常数。试求：（1）B 支座处的转角；（2）梁跨中 C 点的竖向线位移。

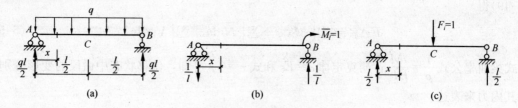

图 5-19　例 5-5 图

【解】

（1）求 B 截面的角位移

在 B 截面处加一单位力偶 $M_i = 1$，建立虚设状态如图 5-19（b）所示。以 A 点为坐标原点，分别列出荷载作用和单位力偶作用下的弯矩方程为

$$M_F = \frac{ql}{2}x - \frac{q}{2}x^2$$

$$\overline{M}_i = -\frac{1}{l}x$$

代入式（5-43），并积分得

$$\Delta_{iF} = \varphi_B = \int_0^l \frac{\overline{M}_i M_F \mathrm{d}s}{EI} = \int_0^l \frac{\left(-\dfrac{x}{l}\right)\left(\dfrac{ql}{2}x - \dfrac{q}{2}x^2\right)\mathrm{d}x}{EI}$$

$$= \frac{1}{EI}\int_0^l \left(-\frac{qx^2}{2} + \frac{q}{2l}x^3\right)\mathrm{d}x$$

$$= -\frac{ql^3}{24EI} \quad (\circlearrowleft)$$

φ_B 的结果为负值，表示其方向与所加的单位力偶方向相反，即 B 截面逆时针转动。

（2）求跨中 C 点的竖向线位移

在 C 点加一单位力 $F_i = 1$，建立虚设状态如图 5-19（c）所示，分别列出荷载作用和单位力作用下的弯矩方程。以 A 点为坐标原点，当 $0 \leqslant x \leqslant \dfrac{l}{2}$ 时，有

$$M_F = \frac{ql}{2}x - \frac{q}{2}x^2$$

$$\overline{M}_i = \frac{1}{2}x$$

因为对称关系，由式（5-56）得

$$\Delta_{iF} = \Delta_C^v = \frac{2}{EI}\int_0^{\frac{l}{2}} \frac{1}{2}x\left(\frac{qlx}{2} - \frac{qx^2}{2}\right)\mathrm{d}x$$

$$= \frac{q}{12EI}\int_0^{\frac{l}{2}} \frac{1}{2}x(lx^2 - x^3)\mathrm{d}x = \frac{5ql^4}{384EI}(\downarrow)$$

Δ_C^v 的结果为正值，表示 C 点竖向线位移方向与单位力方向相同，即 C 点位移向下。

5.3.2　图乘法

5.3.2.1　图乘法的概念

从上节可知，在计算梁及刚架由于荷载作用下的位移时，先要列出 $\overline{M}_i$ 和 M_F 的方程，

然后代入公式（5-56）进行积分计算，有时积分运算是比较麻烦的。如果所考虑的问题满足下述条件时，可用图形相乘的方法来代替积分运算，则计算可得到简化，其条件为：

1）$\overline{M}_i$ 和 M_F 两个弯矩图中至少有一个是直线图形。由于在虚设状态中所加的单位力 $F_i = 1$（或 $M_i = 1$），所以，$\overline{M}_i$ 图总是由直线或折线组成；

2）杆轴为直线；

3）杆件抗弯刚度 EI 为常数。

图 5-20 上图表示从实际荷载作用下的弯矩图 M_F 中取出的一段（AB 段），图 5-20 下图为相应的虚设状态 $\overline{M}_i$ 图是一直线图形，而 M_F 图为任何形状，我们以杆轴为 x 轴，将 $\overline{M}_i$ 图倾斜直线延长与 x 轴相交于 O 点，并以 O 点为坐标原点，则在 $\overline{M}_i$ 图上任一截面的弯矩为

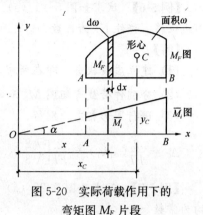

图 5-20　实际荷载作用下的弯矩图 M_F 片段

$$\overline{M}_i = x\tan\alpha \tag{5-60}$$

又积分公式（5-56）中 $\mathrm{d}s$ 可用 $\mathrm{d}x$ 代替；因 EI 为常数，可提到积分号外面，则有

$$\int_A^B \frac{\overline{M}_i M_F \mathrm{d}s}{EI} = \frac{1}{EI}\int_A^B x\tan\alpha M_F \mathrm{d}x$$

$$= \frac{\tan\alpha}{EI}\int_A^B x M_F \mathrm{d}x$$

$$= \frac{\tan\alpha}{EI}\int_A^B x \mathrm{d}\omega \tag{5-61}$$

式中，$\mathrm{d}\omega = M_F \mathrm{d}x$ 是 M_F 图中的微面积（图 5-20 上图中阴影部分）；而 $x\mathrm{d}\omega$ 就是这个微面积 $\mathrm{d}\omega$ 对 y 轴（通过 O 点的）的静矩。因为 $\int_A^B x\mathrm{d}\omega$ 即为整个 M_F 图的面积对 y 轴的静矩，根据合力矩定理，它应等于 M_F 图的面积 ω 乘以其形心 C 到 y 轴的距离 x_C，即得

$$\int_A^B x\mathrm{d}\omega = \omega x_C$$

代入式（5-61），有

$$\int_A^B \frac{\overline{M}_i M_F \mathrm{d}s}{EI} = \frac{1}{EI}\omega x_C \tan\alpha \tag{5-62}$$

从图 5-20 下图中可知 $x_C\tan\alpha = y_C$，y_C 为 M_F 图的形心 C 处所对应的 $\overline{M}_i$ 图的纵距，所以式（5-62）表达为

$$\int_A^B \frac{\overline{M}_i M_F \mathrm{d}s}{EI} = \frac{1}{EI}\omega y_C \tag{5-63}$$

由此可见，上述积分式就等于一个弯矩图的面积 ω 乘以其形心处所对应的另一个直线弯矩图上的纵距 y_C，再除以 EI，这就是图形相乘法或简称图乘法。

如果结构上所有各杆段均能满足图乘条件，则位移计算公式（5-56）可简化为

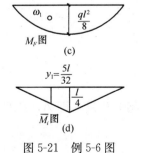

图 5-21　例 5-6 图

117

$$\Delta_{iF} = \sum \int \frac{\overline{M_i} M_F \mathrm{d}s}{EI} = \sum \frac{\omega y_C}{EI} \tag{5-64}$$

【例5-6】 试求如图 5-21 (a) 所示在全跨的均布荷载 q 作用下，简支梁跨中 C 点的竖向线位移。杆件 EI 为常数。

【解】

(1) 建立虚设状态，即在所求的 C 点加单位力，$F_i = 1$，如图 5-21 (b) 所示。

(2) 分别作荷载弯矩图 M_F 和单位力的弯矩图 $\overline{M_i}$，如图 5-21 (c)，(d) 所示。

(3) 进行图形相乘，则得

$$\Delta_C^v = \frac{2}{EI}(\omega_1 y_1) = \frac{2}{EI}\left[\left(\frac{2}{3} \times \frac{l}{2} \times \frac{ql^2}{8}\right) + \left(\frac{5}{8} \times \frac{l}{4}\right)\right] = \frac{5ql^4}{384EI}(\downarrow)$$

【例5-7】 试求如图 5-22 (a) 所示结构中 AB 两点的竖向相对位移，设各杆 EI 与 EA 均为常数。

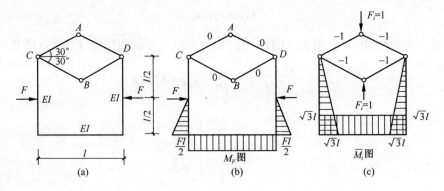

图 5-22 例 5-7 图

【解】

(1) 为计算 A，B 两点的相对位移，可在 A，B 两点加一对方向相反的单位力 $F_i = 1$。

(2) 分别作荷载弯矩图 M_F 和单位力的弯矩图 $\overline{M_i}$，如图 5-22 (b)、(c) 所示。

(3) 分别计算各杆在荷载和单位力作用下的轴力，如图 5-22 (b)、(c) 所示。

(4) 将图 5-22 (b) 与图 5-22 (c) 相乘得

$$\Delta_{A-B}^v = \sum \int \frac{M_F \overline{M_i}}{EI}\mathrm{d}s + \sum \int \frac{F_{NF}\overline{F_N}}{EA}\mathrm{d}s$$

$$= \sum \int \frac{M_F \overline{M_i}}{EI}\mathrm{d}s + 0$$

$$= -\frac{1}{EI}\left[\left(\frac{1}{2} \times \frac{Fl}{2} \times \frac{l}{2} \times \frac{5}{6} \times \sqrt{3}l\right) \times 2 + \frac{Fl}{2} \times l \times \sqrt{3}l\right]$$

$$= -\frac{Fl^3}{EI}\left(\frac{5\sqrt{3}}{24} + \frac{\sqrt{3}}{2}\right)$$

$$= -\frac{17\sqrt{3}}{24}\frac{Fl^3}{EI}$$

计算结果为负号，表明 A，B 两点的相对竖向位移与虚设力的指向相反，即 A，B 两点是相互离开的。

5.3.2.2 几种常见图形的面积和形心位置

在进行图乘时常用的几种图形的面积及其形心位置，如表 5-3 所示，以备查用。

表 5-3　几种常见截面图形的面积和形心位置

序号	图　形	面　积	形心坐标	
			x_C	$l-x_C$
1		$\dfrac{lh}{2}$	$\dfrac{2}{3}l$	$\dfrac{1}{3}l$
2		$\dfrac{(h_1+h_2)}{2}l$	$\dfrac{h_1+2h_2}{3(h_1+h_2)}l$	$\dfrac{h_2+2h_1}{3(h_1+h_2)}l$
3		$\dfrac{lh}{2}$	$\dfrac{a+l}{3}$	$\dfrac{b+l}{3}$
4		$\dfrac{lh}{3}$	$\dfrac{3}{4}l$	$\dfrac{1}{4}l$
5		$\dfrac{2}{3}lh$	$\dfrac{5}{8}l$	$\dfrac{3}{8}l$
6		$\dfrac{lh}{3}$	$\dfrac{3}{4}l$	$\dfrac{1}{4}l$

注：以上曲线均为二次抛物线。

5.3.2.3 应用图乘法时的几个具体问题

1) 必须符合上述图乘的三个条件。

2) 纵距 y_C 应从直线图形上取得。

3) 乘积 ωy_C 的正负号，当两弯矩图在同一边时乘积为正，反之为负。

图乘时，在图形比较复杂的情况下，往往不易直接确定某一图形的面积 ω 或其形心位置时，这时采用叠加的方法较简便，即将图形分成为几个易于确定面积或形心位置的部分，分别用图乘法计算，其代数和即为两图形相乘的值。常碰到的有下列几种情况：

1) 若两弯矩图中某段都为梯形，如图 5-23 所示。图乘时可以不必求梯形的形心，而将梯形分解为两个三角形，分别相乘后取其代数和，则有

$$\omega y_C = \omega_1 y_1 + \omega_2 y_2 \tag{5-65}$$

其中

$$\omega_1 = \frac{1}{2}al, \omega_2 = \frac{1}{2}bl$$

$$y_1 = \frac{2}{3}c + \frac{1}{3}d, y_2 = \frac{1}{3}c + \frac{2}{3}d$$

代入上式得

$$\omega y_C = \frac{al}{2}\left(\frac{2}{3}c + \frac{1}{3}d\right) + \frac{bl}{2}\left(\frac{1}{3}c + \frac{2}{3}d\right)$$

$$= \frac{l}{6}(2ac + 2bd + bc + ad) \tag{5-66}$$

若两弯矩图均有正负两部分，如图 5-24 所示，则公式（5-66）仍适用，只要将图 5-24 中的 b，c 以负值代入即可。

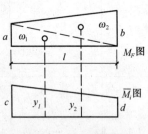

图 5-23 梯形弯矩图

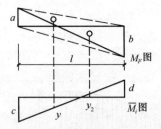

图 5-24 有正负的弯矩图

2) 若弯矩图为折线，则应将折线分成几段直线，分别图乘后取其代数和，如图 5-25 所示。

3) 若两弯矩图中有一个其一部分为零，如图 5-26 所示，则可分为两段，分别图乘后取其代数和。

4) 一般形式的二次抛物线图形相乘，如图 5-27 所示。因均布荷载而引起的为二次抛物线弯矩图，此图形的面积可分解为由 $ABCD$ 梯形与抛物线 CED 的面积叠加而得。因此，可以将 M_F 图分解为上述两个图形（梯形和抛物线图形）分别与 $\overline{M}_i$（梯形）相乘，然后取代数和，即得所求结果。

120

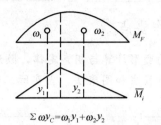
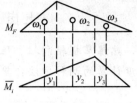

$$\sum \omega y_C = \omega_1 y_1 + \omega_2 y_2 \qquad \sum \omega y_C = \omega_1 y_1 + \omega_2 y_2 + \omega_3 y_3$$

图 5-25 折线弯矩图

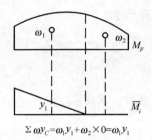

$$\sum \omega y_C = \omega_1 y_1 + \omega_2 \times 0 = \omega_1 y_1$$

图 5-26 含有零的弯矩图

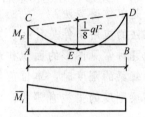

图 5-27 二次抛物线图形相乘图

5.3.3 提高梁的刚度的措施

欲提高梁的刚度，应从影响梁的刚度的各个因素来考虑。从挠度和转角方程中可知，梁的挠度和转角与外荷载、跨度、支座及梁的抗弯刚度有关，所以，要降低梁的挠度，可采用以下措施：

（1）增大梁的抗弯刚度梁的抗弯刚度为 EI，增大弹性模量 E，可提高刚度。但要注意，对钢材来讲，高强度钢与普通低碳钢的 E 值很接近，因此靠用高强度钢来提高刚度是无用的，而用钢梁代替木梁则可提高 E 值，从而提高刚度。提高梁的抗弯刚度主要是增大截面的惯性矩 I，在截面面积不变的情况下，采用的截面应使面积尽量分布在距中性轴较远处，以增大截面的惯性矩。例如可采用工字形、槽形或箱形截面等。

（2）减小梁的跨度或改变梁的支撑情况梁的挠度与跨长 n 次幂成正比，因此，跨长对挠度影响很大。要降低挠度，则要设法减小跨长，而通常采用减小跨长的方法是增加支座或支撑，即改变结构形式。例如，简支梁要降低跨中的挠度，可将其结构改为外伸梁，或加中间支座，如图 5-28（a）所示，而悬臂梁要降低自由端的挠度，也可增加一支座，如图 5-28（b）所示。此时梁由静定结构形式变为超静定结构形式。这种措施必须在结构允许的条件下进行。

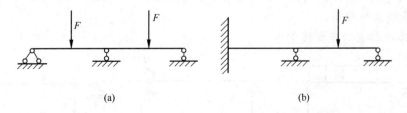

(a)   (b)

图 5-28 超静定梁

121

思 考 题

5-1 胡克定律的表达形式有几种？它的适用范围是什么？

5-2 什么是单位荷载法？

5-3 图乘法的应用条件是什么？

5-4 说说几种常见图形的面积和形心。

5-5 在计算梁的刚度时，单位荷载法和图乘法各有什么优劣？

5-6 提高梁刚度的措施有哪些？

习 题

5-1 一杆系受荷载如图 5-29 所示，水平杆 CD 刚度较大，可不计变形。AB 杆为钢杆，直径 $d=30\text{mm}$，$l=1\text{m}$。若加载后 AB 杆上的球铰式引伸仪读数增量为 120 格（每格代表 $1/2000\text{mm}$），变形仪标距 $S=100\text{mm}$，AB 杆材料的弹性模量 $E=2.0\times10^5\text{MPa}$。问：

(1) 此时 F 的大小为多少？

(2) 若 AB 杆材料的许用应力 $[\sigma]=160\text{MPa}$，求结构的许用荷载 $[F]$ 及此时 D 点的位移。

5-2 简支梁受载如图 5-30 所示。试分别用叠加法和积分法求 y_C，θ_A，θ_B。

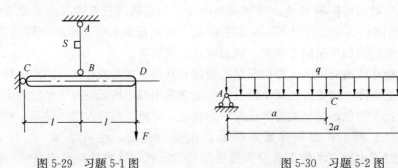

图 5-29 习题 5-1 图　　　　　　　图 5-30 习题 5-2 图

5-3 如图 5-31 所示简支梁，在均布荷载 q 作用下，EI 为常数。试求：

(1) B 支座处的转角。

(2) 梁跨中 C 点的竖向线位移。

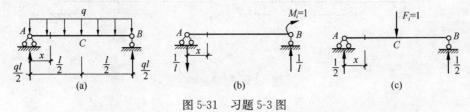

图 5-31 习题 5-3 图

122

5-4 求图5-32示桁架E点的竖向线位移。已知$d=2\mathrm{m}$，$F=80\mathrm{kN}$，各杆的EA均为常数。

5-5 图5-33示刚架，若支座A发生如图所示的位移：$a=1.5\mathrm{cm}$，$b=1.0\mathrm{cm}$。试求B点的水平位移Δ_{BH}、竖向位移Δ_{BV}及其总位移Δ_B。

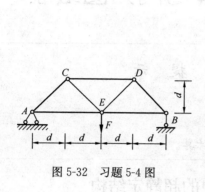

图 5-32 习题 5-4 图

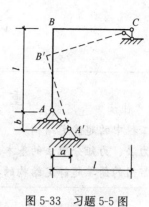

图 5-33 习题 5-5 图

第6章 超静定结构的内力 计算与内力图绘制

重 点 提 示

1. 了解工程中的超静定结构。
2. 掌握力法、力矩分配法的基本原理。
3. 掌握常用的简单超静定结构的内力计算。

6.1 工程中的超静定结构

为了介绍超静定结构的概念，我们从两个方面进行分析：

首先，从静力平衡条件分析。结构未知约束力（支座或内部多余约束）的数目与能列出的独立的平衡方程的数目相等，其全部的支座反力和截面内力都可以通过静力平衡方程求得的结构，称之为静定结构；结构未知约束力（支座或内部多余约束）的数目多于能列出的独立平衡方程的数目，结构的支座反力和各截面的内力不能完全由静力平衡条件唯一确定的结构，称之为超静定结构。

如图 6-1 所示分别为静定结构和超静定结构的例子。如图 6-1（a）所示简支梁是静定结构，它有三个未知支座反力 F_{Ax}，F_{Ay} 和 R_B，利用静力平衡条件可以求出全部支座反力及其内力。如图 6-1（b）所示固端梁是超静定结构的一个例子。它有四个未知支座反力 F_{Ax}，F_{Ay}，M_A 和 R_B，却只有三个平衡方程，因而只用平衡方程求反力时将会有无穷多组解答。

其次，从结构的几何组成分析。静定结构是没有多余约束的几何不变体系；超静定结构是有多余约束的几何不变体系。所谓多余约束并不是说这些约束对结构的组成不重要，而是相对于静定结构而言，这些联系是多余的。

如图 6-1（a）、（b）中所示的梁都是几何不变的。如果图 6-1（a）中的静定梁去掉支座 B，就变成了几何可变体系，如图 6-1（c）所示，即静定结构是没有多余约束的几何不变体系；而从图 6-1（b）中的超静定梁上去掉支座 B，则仍是几何不变体系，如图 6-1（d）所

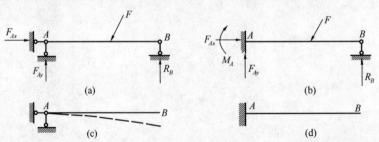

图 6-1 静定结构和超静定结构

（a）静定结构；（b）超静定结构；（c）几何可变体系；（d）几何不变体系

示，即超静定结构是有多余约束的几何不变体系。

又如图 6-2 所示连续梁具有一个多余约束，可以将支座 B 看作是多余约束，因为没有它体系仍然能保持几何不变，能承受荷载作用。也可将支座 C 看作是多余的，还可将支座 A 处的竖向支杆看作是多余的。但是不能去掉支座 A 处的水平链杆，去掉此链杆，结构就变成可变体系，不再保持原结构的几何不变性。因此，当结构有多余约束时，其中

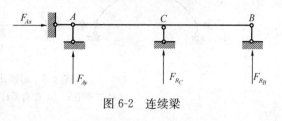

图 6-2 连续梁

某个约束能不能被视作是多余的，要看它是否为维持结构的几何不变性所必需。

综上所述，静定结构是没有多余约束的几何不变体系，且其全部的支座反力和截面内力都可以通过静力平衡方程求解；超静定结构是有多余约束的几何不变体系，但其结构的支座反力和各截面的内力不能完全由静力平衡条件唯一确定。

超静定结构区别于静定结构的基本特点是不能用静力平衡条件确定全部反力或内力，有多余约束。

超静定结构的类型很多，应用也比较广泛。其主要类型有以下几种：

1）单跨和多跨的超静定梁式结构，如图 6-3 所示。

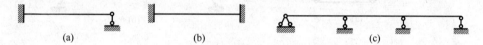

图 6-3 单跨和多跨的超静定梁

（a）、（b）单跨超静定梁；（c）多跨超静定梁

2）超静定刚架。其形式有单跨单层、多跨单层、单跨多层、多跨多层，如图 6-4 所示。

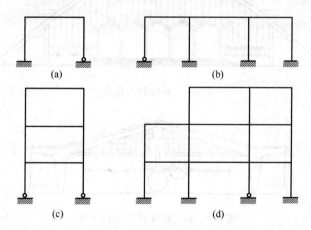

图 6-4 超静定刚架

（a）单跨单层；（b）多跨单层；（c）单跨多层；（d）多跨多层

3）超静定拱式结构。其形式有二铰拱、带有系杆的二铰拱和无铰拱，如图 6-5 所示。

4）超静定桁架，如图 6-6 所示。

5）超静定组合结构，如图 6-7 所示。

超静定结构在建筑工程中应用较多，图 6-8 为某校的大礼堂，是钢筋混凝土落地拱式结

构；图 6-9 是某飞机维修车间的厂房，为单跨单层的超静定刚架结构。

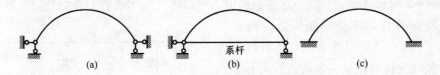

图 6-5 超静定拱式结构

(a) 二铰拱；(b) 带有系杆的二铰拱；(c) 无铰拱

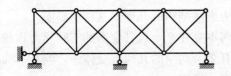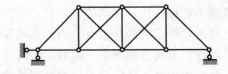

图 6-6 超静定桁架

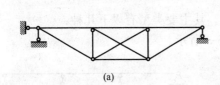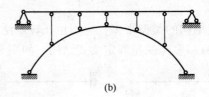

图 6-7 超静定组合结构

(a) 梁和桁架的组合；(b) 梁与拱的组合

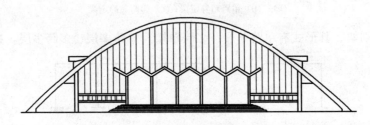

图 6-8 某校的大礼堂

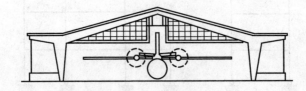

图 6-9 某飞机维修车间的厂房

6.2 力   法

6.2.1 超静定次数的确定

超静定结构可以看作是在静定结构上增加若干个多余约束而构成。因此，确定超静定次数最直接的方法，就是撤除多余约束，使原结构变成一个静定结构。而所撤除的多余约束的个数，就是原结构的超静定次数。

从超静定结构上撤除多余约束的情况可归纳如下：

1）去掉或切断一根链杆（二力直杆），相当于去掉一个约束。如图 6-10（a）所示为超静定桁架，如果去掉链杆 C，并切断每个节间中的一根斜杆，就得到静定结构，如图 6-10（b）所示。一根链杆是一个约束，共去除 5 个约束，可知图 6-10（a）所示的桁架有 5 个多余约束，是 5 次超静定结构。

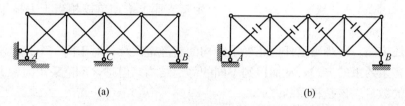

图 6-10　撤掉或切断链杆

2）切断一根梁式杆，或者去掉一个固定端支座，相当于去掉 3 个约束。图 6-11（a）所示的超静定刚架，如果去掉刚架右边的固定端支座 B，便得到静定悬臂刚架，如图 6-11（b）所示。固定端支座相当 3 个约束，是 3 次超静定。如果把横梁切断，就得到两个悬臂静定刚架，如图 6-11（c）所示。横梁切断前 C 截面左右两侧被限制了相对转角和相对上下、左右的线位移。因此，切断一根梁式杆件也相当于去掉 3 个约束。

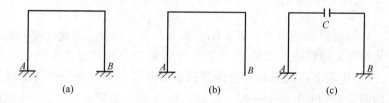

图 6-11　撤掉固定端支座或切断梁式杆

3）去掉一个单铰，或去掉一个固定铰支座，相当于去掉两个约束。如图 6-12（a）所示超静定刚架，如果把横梁上的单铰 C 去掉，就得到两个悬臂刚架，如图 6-12（b）所示。单铰处原有限制 C 截面左右两侧发生上下、左右相对线位移的约束，拆开单铰后相当于去掉两个约束。所以原刚架有两个多余约束，是两次超静定的。如图 6-12（c）所示的刚架，如果把固定铰支座 B 去除，得到静定刚架，如图 6-12（d）所示。一个固定铰支座为两个约束，它是两次超静定的。

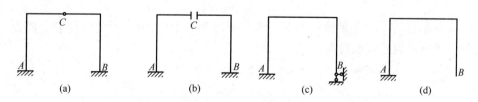

图 6-12　拆开单铰或撤掉固定铰支座

4）在梁式截面（或刚节点）上增加一个单铰，或者把固定端支座改为固定铰支座，去掉一个约束。比较图 6-11（a）所示和图 6-12（a）所示的两个超静定结构，后者可看成是前者在梁式杆的截面上加了一个铰得到的；比较图 6-11（a）所示和图 6-13（a）所示的两个超

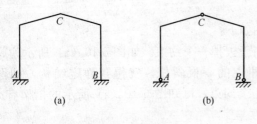

图 6-13　增加单铰

静定结构，可确定后者为 3 次超静定刚架，如果把两根斜梁的刚节点 C 改为单铰，把固定端支座 A、B 改为固定铰支座，它就成为三铰刚架，如图 6-13（b）所示。因此，在梁式截面（或刚节点）上增加一个单铰相当于去掉了一个限制原截面左右两侧相对转动的约束；在固定端支座上增加单铰相当于去掉了一个限制转动的约束。

应用上述方法，不难确定任何超静定结构的超静定次数。对于同一个超静定结构，可采取不同去除多余约束的方式，从而得到不同的静定结构。但是，不论采用何种方式，所去掉的多余约束的数目应该是相同的。

6.2.2　力法的基本原理

先以一个简单的例子来说明用力法计算超静定结构的基本原理。如图 6-14（a）所示为一根两跨的连续梁，有外荷载 q 的作用，显然，它是具有一个多余约束的超静定结构。若去掉支座 B 的多余约束，并以多余未知力 x_1 来代替，则得到如图 6-14（b）所示在 q 与 x_1 两力的共同作用下的静定结构。这种去掉多余约束后所得到的静定结构，我们称为原结构的基本结构。如果设法把多余未知力 x_1 计算出来，那么，原来超静定结构的计算问题就可化为静定结构的计算问题。

由此可知，计算超静定结构的关键就在于求出多余未知力。为此，我们来分析原结构和基本结构的变化情况。原结构在支座 B 处是没有竖向位移的，而基本结构在外荷载 q 和多余未知力 x_1 的共同作用下，在 B 处的竖向位移也必须等于零，才能使基本结构的受力和变形情况与原结构的受力和变形完全一致。所以，用来确定多余未知力 x_1 的位移条件是：基本结构在原有荷载和多余未知力共同作用下，在去掉多余约束处的位移 Δ_1（即沿 x_1 方向上的位移）应与原结构中相应的位移相等，即

$$\Delta_1 = 0 \tag{6-1}$$

如图 6-14（c）、（d）所示，Δ_{11} 和 Δ_{1F}，分别表示多余未知力 x_1 和荷载 q 单独作用在基本结构上 B 点处沿 x_1 方向的位移。其符号都以沿假定的 x_1 方向为正，根据叠加原理，得

$$\Delta_1 = \Delta_{11} + \Delta_{1F} = 0 \tag{6-2}$$

基本结构在未知力 x_1 单独作用下沿 x_1 方向的位移 Δ_{11} 与 x_1 成正比，则有

$$\Delta_{11} = \delta_{11} x_1 \tag{6-3}$$

式中，δ_{11} 是在单位力 $x_1 = 1$ 单独作用下，基本结构 B 点沿 x_1 方向产生的位移。因此，可以把上面的位移条件表达式改写为

$$\delta_{11} x_1 + \Delta_{1F} = 0 \tag{6-4}$$

即

$$x_1 = -\frac{\Delta_{1F}}{\delta_{11}} \tag{6-5}$$

式（6-4）就是根据实际的位移条件，得到求解 x_1 的补充方程，或称为力法方程。由于 δ_{11} 和 Δ_{1F} 都是静定结构在已知力作用下的位移，可用图形相乘法来求得，因此，多余未知力 x_1 的大小和方向即可确定。如果求得的多余未知力 x_1 为正值，说明多余未知力 x_1 的实际方向与原来假设的方向相同；如果是负值，则其实际方向与假设的方向相反。

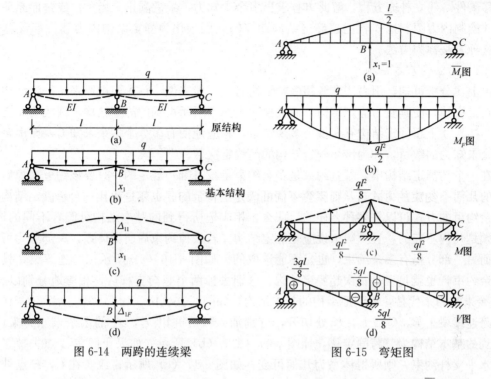

图 6-14 两跨的连续梁　　　　　图 6-15 弯矩图

为了计算位移 δ_{11} 和 Δ_{1F}，可分别绘出在 $x_1=1$ 和荷载 q 作用下的弯矩图 $\overline{M}_i$ 和 M_F，如图 6-15（a）、（b）所示。计算 δ_{11} 时利用 $\overline{M}_i$ 图自乘，得

$$\delta_{11} = \int \frac{\overline{M}_i^2 \mathrm{d}s}{EI} = \frac{2}{EI} \times \frac{1}{2} l \times \frac{l}{2} \times \frac{2}{3} \times \frac{l}{2} = \frac{l^3}{6EI} \tag{6-6}$$

计算 Δ_{1F} 时由 $\overline{M}_i$ 图与 M_F 图相乘，得

$$\Delta_{1F} = \int \frac{\overline{M}_i M_F \mathrm{d}s}{EI} = -\frac{2}{EI} \times \frac{2}{3} \times l \times \frac{ql^2}{2} \times \frac{5}{8} \times \frac{l}{2}$$

$$= \frac{5ql^4}{24EI} \tag{6-7}$$

将所求得的 δ_{11} 和 Δ_{1F} 代入式（6-5），即可求得多余未知力 x_1 的值，即

$$x_1 = -\frac{\Delta_{1F}}{\delta_{11}} = \frac{5ql^4}{24EI} \times \frac{6EI}{l^3} = \frac{5ql}{4} (\uparrow) \tag{6-8}$$

求得多余未知力 x_1 后，将 x_1 和荷载 q 共同作用在基本结构上，利用静力平衡条件就可以计算出原结构的反力和内力，并作最后弯矩图和剪力图，如图 6-15（c）、（d）所示。

原结构上任一截面处的弯矩 M 也可根据叠加原理，按下列公式计算，即

$$M = \overline{M}_i x_1 + M_F \tag{6-9}$$

B 截面的弯矩为

$$M_{BA} = -\frac{l}{2} \times \frac{5ql}{4} + \frac{ql^2}{2} = -\frac{ql^2}{8} (上边受拉) \tag{6-10}$$

按照上述分析计算超静定结构的内力，其基本思路是：先解除多余约束而得到基本结构，以多余未知力作为基本未知数，然后根据基本结构与原结构具有相同的受力和变形状态

129

的位移条件，建立补充方程，解此方程求出多余未知力，最后利用平衡条件或叠加原理，求内力并绘制内力图。这样就把超静定结构计算的问题，化为静定结构内力和位移计算的问题，这种方法称为力法。

6.2.2.1　力法的基本结构

由上述分析可知，用力法求解超静定结构时，一般来说，首先要把原来超静定结构中的多余约束去掉，使其变为静定结构。而去掉多余约束后所得到的静定结构，称之为原结构的基本结构。一个超静定结构有多少个多余约束，相应地便有多少个多余未知力，而多余约束或多余未知力的数目，称为该超静定结构的超静定次数。

在一个超静定结构中，哪些约束是多余约束是没有唯一规定的，只要该约束去掉后，对结构的几何不变性并无影响，则该约束就可认为是多余的。也就是说，一个超静定结构，去掉多余约束的方式可以是多种多样的。那么，相应地所得到的基本结构可能有不同的形式，但必须是几何不变的，且一般来说应是静定结构。若去掉约束后所得体系，一部分为可变体系，而另一部分仍有多余约束，也是不能选取的。如图 6-16（a）所示三跨连续梁，具有两个多余约束，也就是说是二次超静定结构。分别去掉两个竖向支杆后，相应地分别以 x_1 和 x_2 多余未知力来代替，得到原结构的基本结构，如图 6-16（b）、（c）、（d）所示。若在同样的三跨连续梁上 B，C 或 E，K 处切开，分别加入铰后并以 x_1，x_2 的多余未知力来代替，所得到的基本结构为三跨静定梁，如图 6-17（a）、（b）所示。如果我们在 A 点去掉竖向支杆和水平支杆约束，则所得体系为几何可变，如图 6-17（c）所示；或者在 C，E 点处加入铰后，显然，也是去掉两个约束，但 ABC 部分仍有多余约束，而 CED 部分则是可变的，如图 6-17（d）所示。所以，图 6-17（c）、（d）均不能作为原结构的基本结构。

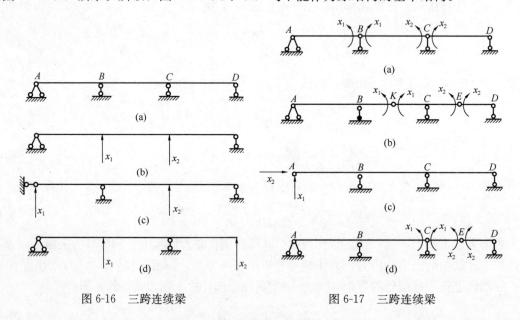

图 6-16　三跨连续梁　　　　　图 6-17　三跨连续梁

超静定结构存在的多余约束，可能是结构本身以外的支座，也可能是结构内部的杆件，还可能是两者兼有。因此，在选择静定的基本结构，或者说去掉多余约束时，就必须全面考虑。

对于同一个超静定结构，可以采用多种不同方式去掉多余约束，相应地可得到不同的基本结构，但是，所去掉多余约束的数目是完全相同的。

6.2.2.2 力法的典型方程

通过上两节的内容，我们初步了解了力法的基本原理和计算步骤。下面将进一步讨论怎样建立多次超静定结构的力法方程。

图 6-18（a）为三次超静定结构，在荷载作用下结构产生变形如图中虚线所示。去掉支座 B 的三个多余约束，并相应地用三个未知力 x_1，x_2，x_3 表示，其基本结构如图 6-18（b）所示。

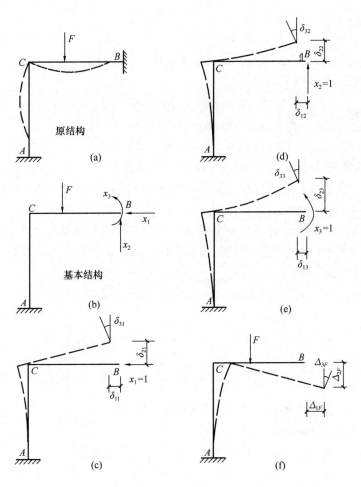

图 6-18　三次超静定结构

由位移条件，即在未知力 x_1，x_2，x_3 和外荷载共同作用下，基本结构在 B 处三个方向总的位移均为零。因为原结构在固定支座 B 处三个方向均没有位移，设 Δ_1 为水平方向总的位移、Δ_2 为竖向总的位移和 Δ_3 为总的角位移，得

$$\left.\begin{array}{l}\Delta_1 = 0 \\ \Delta_2 = 0 \\ \Delta_3 = 0\end{array}\right\} \tag{6-11}$$

式（6-11）就是建立力法方程的位移条件。

为了利用叠加原理进行计算，将图 6-18（b）分解为图 6-18（c）、（d）、（e）、（f）四种情况，分别表示 x_1，x_2，x_3 和外荷载 F 单独作用下的受力和变形，为了便于列出力法方程，在各位移符号右下角加两个脚标，第一个脚标表示产生位移的地点和方向；第二个脚标

131

表示产生位移的原因。

在图 6-18（c）中，当 $x_1=1$ 时，B 点沿 x_1，x_2 和 x_3 方向的位移分别用 δ_{11}，δ_{21} 和 δ_{31} 表示；在图 6-18（d）中，当 $x_2=1$ 时，B 点沿 x_1，x_2 和 x_3 方向的位移分别用 δ_{12}，δ_{22} 和 δ_{32} 表示；在图 6-18（e）中，当 $x_3=1$ 时，B 点沿 x_1，x_2 和 x_3 方向的位移分别用 δ_{13}，δ_{23} 和 δ_{33} 表示；在图 6-18（f）中，当外荷载作用时，B 点沿 x_1，x_2 和 x_3 方向的位移分别用 Δ_{1F}，Δ_{2F} 和 Δ_{3F} 表示，则 x_1，x_2 和 x_3 三个方向上总的位移的表达式分别为

$$\left.\begin{array}{l} \Delta_1 = \delta_{11}x_1 + \delta_{12}x_2 + \delta_{13}x_3 + \Delta_{1F} \\ \Delta_2 = \delta_{21}x_1 + \delta_{22}x_2 + \delta_{23}x_3 + \Delta_{2F} \\ \Delta_3 = \delta_{31}x_1 + \delta_{32}x_2 + \delta_{33}x_3 + \Delta_{3F} \end{array}\right\} \tag{6-12}$$

将式（6-12）代入式（6-11），则有

$$\left.\begin{array}{l} \delta_{11}x_1 + \delta_{12}x_2 + \delta_{13}x_3 + \Delta_{1F} = 0 \\ \delta_{21}x_1 + \delta_{22}x_2 + \delta_{23}x_3 + \Delta_{2F} = 0 \\ \delta_{31}x_1 + \delta_{32}x_2 + \delta_{33}x_3 + \Delta_{3F} = 0 \end{array}\right\} \tag{6-13}$$

式（6-13）就是为求解多余未知力 x_1，x_2 和 x_3 所需要建立的力法方程。其物理意义是：在基本结构中，由于全部多余未知力和已知荷载的共同作用，在去掉多余约束处位移与原结构中相应的位移相等。

对于 n 次超静定的结构，它具有 n 个多余未知力，相应地也就有 n 个已知的位移条件。用以上同样的分析方法，根据这 n 个已知位移条件，可以建立 n 个力法方程：

$$\left.\begin{array}{l} \Delta_1 = \delta_{11}x_1 + \delta_{12}x_2 + \cdots + \delta_{1i}x_i + \cdots + \delta_{1n}x_n + \Delta_{1F} \\ \Delta_2 = \delta_{21}x_1 + \delta_{22}x_2 + \cdots + \delta_{2i}x_i + \cdots + \delta_{2n}x_n + \Delta_{2F} \\ \vdots \\ \Delta_i = \delta_{i1}x_1 + \delta_{i2}x_2 + \cdots + \delta_{ii}x_i + \cdots + \delta_{in}x_n + \Delta_{iF} \\ \vdots \\ \Delta_n = \delta_{n1}x_1 + \delta_{n2}x_2 + \cdots + \delta_{ni}x_i + \cdots + \delta_{nn}x_n + \Delta_{nF} \end{array}\right\} \tag{6-14}$$

当 n 个已知位移条件都等于零时，即 $\Delta_i=0$（$i=1, 2, \cdots, n$）时，则式（6-14）为

$$\left.\begin{array}{l} \delta_{11}x_1 + \delta_{12}x_2 + \cdots + \delta_{1i}x_i + \cdots + \delta_{1n}x_n + \Delta_{1F} = 0 \\ \delta_{21}x_1 + \delta_{22}x_2 + \cdots + \delta_{2i}x_i + \cdots + \delta_{2n}x_n + \Delta_{2F} = 0 \\ \vdots \\ \delta_{i1}x_1 + \delta_{i2}x_2 + \cdots + \delta_{ii}x_i + \cdots + \delta_{in}x_n + \Delta_{iF} = 0 \\ \vdots \\ \delta_{n1}x_1 + \delta_{n2}x_2 + \cdots + \delta_{ni}x_i + \cdots + \delta_{nn}x_n + \Delta_{nF} = 0 \end{array}\right\} \tag{6-15}$$

式（6-14）及式（6-15）为力法方程的一般形式。解此方程组，可求出多余力 x_i（$i=1, 2, \cdots, n$）。

在以上的方程组中，由左上角到右下角（不包括最后一项）所引的对角线称为主对角线。在主对角线上的系数 δ_{11}，δ_{22}，$\cdots$，δ_{ii}，$\cdots$，δ_{nn} 称为主系数，主系数 δ_{ii} 均为正值，而且永不为零。在主对角线两侧的系数 δ_{ik}（$i \neq k$）称为副系数，其值可正、可负也可为零。根据位移互等定理，有

$$\delta_{ik} = \delta_{ki} \tag{6-16}$$

式（6-13），式（6-14）及式（6-15）中最后一项 Δ_{iF} 称为自由项（或称荷载项）。

上述方程组具有一定的规律，且具有副系数互等的关系。因此，通常又称为力法的典型方程。

因为基本结构是静定结构，力法典型方程中各系数和自由项都可按求位移的方法求得。对于梁和刚架，由下列公式或图乘法进行计算：

$$\delta_{ii} = \sum \int \frac{\overline{M}_i^2}{EI} \mathrm{d}s$$

$$\delta_{ik} = \sum \int \frac{\overline{M}_i \overline{M}_k}{EI} \mathrm{d}s \quad\quad (6\text{-}17)$$

$$\Delta_{iF} = \sum \int \frac{\overline{M}_i \overline{M}_F}{EI} \mathrm{d}s$$

式中，$\overline{M}_i$，$\overline{M}_k$ 分别代表 $x_1 = 1$ 及 $x_2 = 1$ 在基本结构中所产生的弯矩；M_F 则表示外荷载作用在基本结构中所产生的弯矩。

由力法典型方程式解出多余力 x_i（$i = 1, 2, \cdots, n$）后，就可用平衡条件求原结构的反力和内力，或按下述叠加公式求任一截面的弯矩。

$$M = \overline{M}_1 x_1 + \overline{M}_2 x_2 + \cdots + \overline{M}_n x_n + M_F \quad\quad (6\text{-}18)$$

求出弯矩后，再由平衡条件求其剪力和轴力。

6.2.2.3 力法的计算步骤

力法计算超静定结构的步骤为：

1）去掉原结构中的多余约束，并以多余未知力代替相应的多余约束的作用。这样就把原结构变为在多余未知力和荷载（或其他因素）共同作用下的静定结构，即得到基本结构。在选取基本结构的形式时，应考虑到使计算工作尽可能简单。

2）根据在原结构解除多余约束处的位移条件，建立力法的典型方程。

3）利用图形相乘法，或位移计算的公式，求出各系数和自由项，并代入典型方程求出多余力。

4）按分析静定结构的方法，由平衡条件或叠加公式算出各杆的内力，绘出最后内力图。

6.2.3 对称性的利用

在建筑工程中，很多结构是对称的。所谓对称结构是指：

1）结构的几何形状和支承状况以某轴对称。

2）杆件的截面尺寸和材料的物理性质（弹性模量等）也对此轴对称。即若将结构绕这个轴对折后，结构在轴两边的部分将完全重合，该轴线称为结构的对称轴。利用结构的对称性，可使计算大为简化。如图 6-19（a）～（c）所示结构都是对称结构。如图 6-19（d）所示结构虽然支承状况并不对称，但在竖向荷载作用下支座 A 的水平反力等于零，所以也可以利用对称性。

对称结构的荷载可以分为非对称荷载 [图 6-20（a）]、对称荷载 [图 6-20（b）]、反对称荷载 [图 6-20（c）]。所谓对称荷载，其大小相同，作用方向关于对称轴是对称的；而反对称荷载是大小相同，作用方向关于对称轴是反对称的。

对称结构受对称荷载作用时，其变形是对称的，弯矩和轴力图也是对称的，剪力图是反对称的；对称结构受反对称荷载作用时其变形是反对称的，弯矩和轴力图也是反对称的，而剪力图是对称的。对称结构受非对称荷载作用时，也可以将非对称荷载分解为对称荷载与反对称荷载的叠加，以使问题得到简化。如图 6-20（a）所示的非对称荷载就可以分解为图 6-20（b）、（c）所示的两种荷载的叠加。当然也可以不进行分解而直接按非对称荷载进行计算。

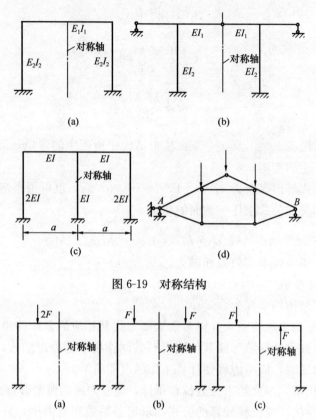

图 6-19　对称结构

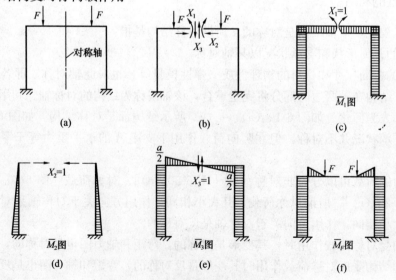

图 6-20　对称结构的荷载分类

下面以图示对称刚架为例，如图 6-21（a）所示，来讨论对称结构的计算问题。

1）对称结构受对称荷载作用

图 6-21　对称结构在对称荷载作用下

这是个 3 次超静定刚架，如果沿对称轴上截面截开，即得到基本体系，如图 6-21（b）所示。切口两侧的多余未知力是成对的（是作用与反作用的关系）。显然多余未知力 X_1（弯矩）和 X_2（轴力）是对称的，而 X_3（剪力）是反对称的。我们把关于结构对称的未知力叫对称未知力，反对称的未知力叫反对称未知力。由于多余约束处截面的相对位移等于零，所以力法方程为

$$\left.\begin{array}{l}\delta_{11}X_1 + \delta_{12}X_2 + \delta_{13}X_3 + \Delta_{1F} = 0 \\ \delta_{21}X_1 + \delta_{22}X_2 + \delta_{23}X_3 + \Delta_{2F} = 0 \\ \delta_{31}X_1 + \delta_{32}X_2 + \delta_{33}X_3 + \Delta_{3F} = 0\end{array}\right\} \tag{6-19}$$

作出 X_1、X_2、X_3 和 F 作用下 $\overline{M}_1$、$\overline{M}_2$、$\overline{M}_3$ 和 M_F 图，如图 6-21（c）～（f）所示。

$\overline{M}_1$，$\overline{M}_2$ 和 M_F 图是对称的，$\overline{M}_3$ 图是反对称的。显然，在求力法方程中的系数时，对称的弯矩图（$\overline{M}_1$，$\overline{M}_2$ 和 M_F 图）与反对称的弯矩图（$\overline{M}_3$ 图）图乘的结果将为零，即

$$\delta_{13} = \delta_{31} = 0, \delta_{23} = \delta_{32} = 0, \Delta_{3F} = 0$$

这样力法方程就简化为

$$\left.\begin{array}{l}\delta_{11}X_1 + \delta_{12}X_2 + \Delta_{1F} = 0 \\ \delta_{21}X_1 + \delta_{22}X_2 + \Delta_{2F} = 0 \\ X_3 = 0\end{array}\right\} \tag{6-20}$$

于是，可得如下结论：

①对称结构在对称荷载作用下，对称轴所在的截面上只有对称的内力（弯矩和轴力），而反对称的内力（剪力）为零。

②如果所取的基本未知量都是对称未知力或反对称未知力，则反对称未知力必等于零，只需计算对称未知力。

2）对称结构受反对称荷载作用

对称结构受反对称荷载作用，如图 6-22（a）所示，取图 6-22（b）所示的基本体系，则在反对称荷载单独作用时的 M_F 图，如图 6-22（f）所示，也是反对称的。在求力法方程

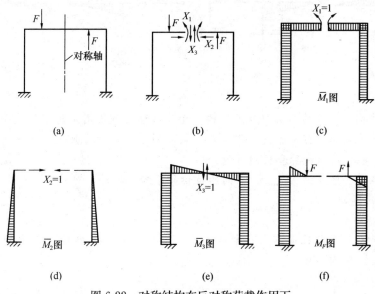

（a） （b） （c）

（d） （e） （f）

图 6-22　对称结构在反对称荷载作用下

中的系数和自由项时，对称的图与反对称的图图乘结果为零，即

$$\delta_{13} = \delta_{31} = 0, \delta_{23} = \delta_{32} = 0, \Delta_{1F} = 0, \Delta_{2F} = 0$$

这样力法方程就简化为

$$\left.\begin{array}{l} \delta_{11}X_1 + \delta_{12}X_2 = 0 \\ \delta_{21}X_1 + \delta_{22}X_2 = 0 \\ \delta_{33}X_3 + \Delta_{3F} = 0 \end{array}\right\} \qquad (6\text{-}21)$$

前两个方程为齐次线性方程组，只有零解，即 $X_1 = 0$，$X_2 = 0$，所以得出如下结论：

①对称结构在反对称荷载作用下，对称轴所在的截面上只有反对称的内力（剪力），而对称的内力（弯矩和轴力）为零。

②如果所取的基本未知量都是对称未知力或反对称未知力，则对称未知力必等于零，只需计算反对称未知力。

3）对称结构受非对称荷载作用

对称结构受既不对称也不反对称的荷载作用，可以分解成两组：一组为对称的荷载（图6-21），一组为反对称的荷载（图6-22）。对称的荷载组只需解对称未知力，反对称的荷载组只需解反对称未知力。则力法方程必然分解成不联立的两组，原来的高阶方程组要分解为两个独立低阶方程组，因而使计算得到简化。

【例 6-1】 作如图 6-23（a）所示结构的弯矩图，EI 为常数。

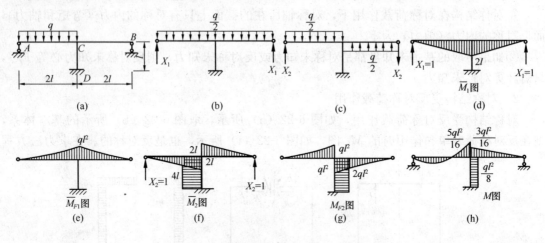

图 6-23 例 6-1 图

【解】 此结构是对称的二次超静定结构，受非对称荷载作用。将非对称荷载分解为对称荷载和反对称荷载两组，分别如图 6-23（b）、（c）所示。解除支座 A、B 处的约束，则多余未知力 X_1、X_2 也分别为对称和反对称的。

由原结构在 A、B 处沿 X_1、X_2 方向的位移等于零的条件，可建立力法方程：

$\delta_{11}X_1 + \Delta_{1F} = 0$

$\delta_{22}X_2 + \Delta_{2F} = 0$

分别作出对称荷载、反对称荷载、多余未知力 $X_1 = 1$、$X_2 = 1$ 单独作用下的弯矩图，如图 6-23（d）～（g）所示，则

$$\delta_{11} = \frac{1}{EI}\left(\frac{1}{2} \times 2l \times 2l \times \frac{2l \times 2}{3} \times 2\right) = \frac{16l^3}{3EI}$$

$$\delta_{22} = \frac{1}{EI}\left(\frac{1}{2} \times 2l \times 2l \times \frac{2l \times 2}{3} \times 2 + 4l \times l \times 4l\right) = \frac{64l^3}{3EI}$$

$$\Delta_{1F} = -\frac{1}{EI}\left(\frac{1}{3} \times ql^2 \times 2l \times \frac{2l \times 3}{4} \times 2\right) = -\frac{2ql^4}{EI}$$

$$\Delta_{2F} = -\frac{1}{EI}\left(\frac{1}{3} \times ql^2 \times 2l \times \frac{2l \times 3}{4} \times 2 + 2ql^2 \times l \times 4l\right) = -\frac{10ql^4}{EI}$$

代入力法方程，可解得

$$X_1 = \frac{3}{8}ql, \quad X_2 = \frac{15}{32}ql$$

由叠加原理，按式 $M = \overline{M}_1 X_1 + \overline{M}_2 X_2 + M_{1F} + M_{2F}$ 计算弯矩，并作最终弯矩图，如图 6-23 (h) 所示。

6.2.4　力法的应用

6.2.4.1　排架的内力计算与内力图绘制

装配式单层工业厂房往往采用由屋架（或屋面大梁）、柱子和基础所组成的主要承重结构形式，即所谓横向排架结构，如图 6-24 (a) 所示。柱与基础为刚结，在屋面荷载作用下，屋架按桁架计算。一般情况下，约束两个柱顶的屋架（或屋面大梁）两端之间的距离可认为不变的，故将屋架看作是一根抗拉刚度为无限大（即 $EA = \infty$）的链杆。由于柱上常放置吊车梁，因此，往往做成阶梯式柱子。横向排架的计算简图如图 6-24 (b) 所示。

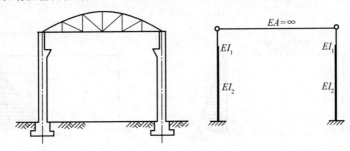

图 6-24　屋面大梁

单跨排架为一次超静定结构。用力法计算时，一般把横梁作为多余约束，切开横梁以多余未知力代替，以切口处两侧截面的相对水平线位移为零的条件，建立力法方程。

如图 6-25 (a) 所示的单跨排架，已知柱上、下段的抗弯刚度分别为 EI_1 及 EI_2，且 I_2 与 I_1 二者比值为 7.42。排架承受吊车水平制动力为 24.5kN。将横梁中间切开，并以相应一对水平多余未知力 x_1 代替，得静定的基本结构，如图 6-25 (b) 所示。其力法方程为

$$\delta_{11} X_1 + \Delta_{1F} = 0 \tag{6-22}$$

分别作单位力 $x_1 = 1$ 和外荷载 F 单独作用下的单位弯矩图 $\overline{M}_1$ 和荷载弯矩图 M_F，如图 6-25 (c)、(d) 所示。利用图形相乘法求系数和自由项

$$\delta_{11} = \frac{2}{EI_1}\left(\frac{1}{2} \times 4.2 \times 4.2 \times \frac{2}{3} \times 4.2\right) + \frac{2 \times 9.4}{6EI_2}(2 \times 4.2^2 + 2 \times 13.6^2 + 2 \times 4.2 \times 13.6)$$

$$= \frac{49.4}{EI_1} + \frac{1627.6}{EI_2} = \frac{1}{EI_2}\left(49.4 \times \frac{I_2}{I_1} + 1627.6\right)$$

$$= \frac{1994}{EI_2}$$

137

$$\Delta_{1F} = -\left[\frac{1.2}{6EI_1}(2\times4.2\times29.4+3\times29.4)+\right.$$
$$\left.\frac{9.4}{6EI_2}(2\times13.6\times260+2\times4.2\times29.4+13.6\times29.4+260\times4.2)\right]$$
$$=-\left(\frac{67}{EI_1}+\frac{13804}{EI_2}\right)$$
$$=-\frac{1}{EI_2}(67\times7.42+13804)$$
$$=-\frac{14301}{EI_2}$$

将求得的 δ_{11} 和 Δ_{1F}，代入力法方程，得

$$x_1 = \frac{\Delta_{1F}}{\delta_{11}} = \frac{14301}{1994} = 7.17(\text{kN})$$

由公式 $M=\overline{M}_1 x_1+M_F$ 即得原结构的最后弯矩图 M，如图 6-25（e）所示。

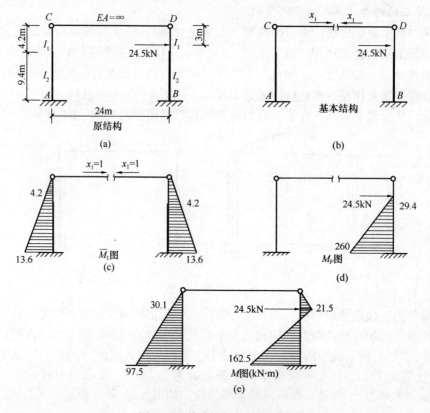

图 6-25　单跨排架及其弯矩图

6.2.4.2 刚架的内力计算与内力图绘制

【例 6-2】　试用力法计算如图 6-26（a）所示的刚架，各杆的 EI 为常数，并绘其内力图。

【解】

（1）由几何组成分析可知，本题是二次超静定结构，去掉 C 处的两个多余约束，得基本结构如图 6-26（b）所示。

（2）由已知 C 点的位移条件，建立典型力法方程：

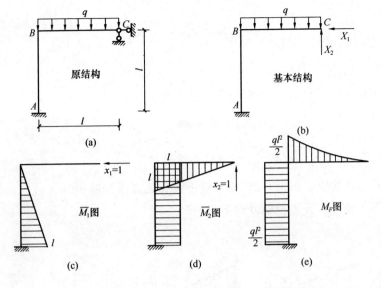

图 6-26　例 6-2 图

$$\delta_{11}X_1 + \delta_{12}X_2 + \Delta_{1F} = 0$$
$$\delta_{21}X_1 + \delta_{22}X_2 + \Delta_{2F} = 0$$
$$M = \overline{M}_1X_1 + \overline{M}_2X_2 + M_F X_1 = \frac{1}{2}ql$$

（3）作 $\overline{M}_1$、$\overline{M}_2$ 和 M_F 图，如图 6-26（c）、（d）、（e）所示，利用图乘法求系数和自由项，并解方程得 X_1，X_2 为

$$\delta_{11} = \sum \int \frac{\overline{M}_1^2}{EI} \mathrm{d}s = \frac{1}{EI}\left(\frac{1}{2}\times l\times l\times\frac{2}{3}l\right) = \frac{l^3}{3EI}$$

$$\delta_{22} = \sum \int \frac{\overline{M}_2^2}{EI} \mathrm{d}s = \frac{1}{EI}\left[\left(\frac{1}{2}\times l\times l\times\frac{2}{3}l\right)+(l\times l\times l)\right] = \frac{4l^3}{3EI}$$

$$\delta_{12} = \delta_{21} = \sum \int \frac{\overline{M}_1\,\overline{M}_2}{EI} \mathrm{d}s = \frac{1}{EI}\left(\frac{1}{2}\times l\times l\times l\right) = \frac{l^3}{2EI}$$

$$\Delta_{1F} = \sum \int \frac{\overline{M}_1 M_F}{EI} \mathrm{d}s = -\frac{1}{EI}\left(\frac{1}{2}\times l\times l\times\frac{ql^2}{2}\right) = -\frac{ql^4}{4EI}$$

$$\Delta_{2F} = \sum \int \frac{\overline{M}_2 M_F}{EI} \mathrm{d}s = -\frac{1}{EI}\left(\frac{1}{3}\times l\times\frac{ql^2}{2}\times\frac{3}{4}l+\frac{ql^2}{2}\times l\times l\right) = -\frac{5ql^4}{8EI}$$

将各系数和自由项代入典型力法方程，并以 $\dfrac{EI}{l^3}$ 乘各项，得

$$\frac{1}{3}X_1 + \frac{1}{2}X_2 - \frac{ql}{4} = 0$$

$$\frac{1}{2}X_1 + \frac{4}{3}X_2 - \frac{5ql}{8} = 0$$

解方程得

$$X_1 = \frac{3}{28}ql$$

139

$$X_2 = \frac{3}{7}ql^2$$

（4）按式（6-18）得

$$M = \overline{M}_1 X_1 + \overline{M}_2 X_2 + M_F$$

利用上式作出最后弯矩图，如图6-27（a）所示。

$$M_{BC} = 0 + l \times \frac{3}{7}ql - \frac{ql^2}{2} = -\frac{ql^2}{14} \text{（上边受拉）}$$

$$M_{AB} = l \times \frac{3}{28}ql + l \times \frac{3}{7}ql - \frac{ql^2}{2} = \frac{ql^2}{28} \text{（右边受拉）}$$

（5）根据最后弯矩图，如图6-27（a）所示，取隔离体如图6-28（a）、（b）、（c）所示，由平衡条件求得各杆杆端剪力和轴力如下：

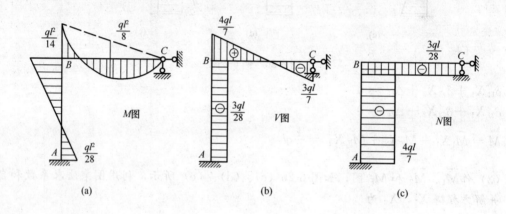

图 6-27 剪力图和轴力图

如图6-28（a）所示，分别由 $\sum M_A = 0$，$\sum x = 0$，得

$$V_{BA} = -\frac{3}{28}ql, V_{AB} = V_{BA} = -\frac{3}{28}ql$$

如图6-28（b）所示，分别由 $\sum M_C = 0$，$\sum y = 0$，得

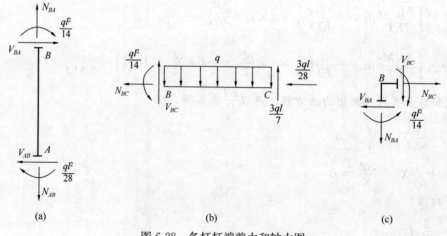

图 6-28 各杆杆端剪力和轴力图

140

$$V_{BC} = \frac{4}{7}ql, N_{BA} = -\frac{3}{28}ql$$

如图 6-28（c）、（a）所示，分别由 $\sum y = 0$，得

$$N_{BA} = -V_{BC} = -\frac{4}{7}ql, N_{AB} = N_{BA} = -\frac{4}{7}ql$$

最后，根据求得各杆杆端剪力和轴力值作剪力 V 图和轴力 N 图，如图 6-27（b）、（c）所示。

6.3 力矩分配法

6.3.1 力矩分配法的基本原理

相对于位移法，力矩分配法的优点是既可避免解算联立方程，又可遵循一定的机械步骤进行运算。因其易于掌握，且可以直接算出杆端弯矩，所以在我国建筑行业被广泛采用。力矩分配法仍属于位移法的范畴。它的原理、基本假定、基本结构和正负号的规定等都和位移法相同，不同之处只是计算技巧。

下面我们通过一个简单例子，来说明力矩分配法的基本概念。如图 6-29（a）所示的两跨连续梁，当用位移法计算时，只有一个未知角位移 Z_1，其位移法的方程为

$$r_{11}Z_1 = R_{1F} = 0 \tag{6-23}$$

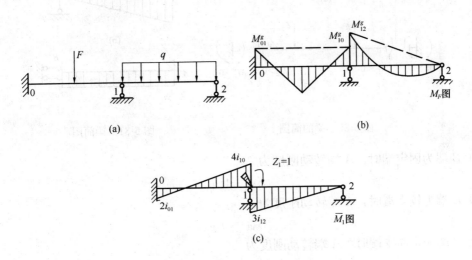

图 6-29 两跨连续梁及其弯矩图

式中，系数和自由项可分别由单位弯矩图和荷载弯矩图，如图 6-29（c）和（b）所示，求得其值为

$$r_{11} = 4i_{10} + 3i_{12} \tag{6-24}$$

$$R_{1F} = M_{10}^g + M_{12}^g = \sum M_{1j}^g \tag{6-25}$$

式中，$\sum M_{1j}^g$ 表示汇交于节点 1 各杆的固端弯矩的代数和。ij 杆 i 端的固端弯矩以 M_{ij}^g 表示，它就是表 6-1 中各种情况下相应的载常数。固端弯矩的大小和方向就等于杆端弯矩的大小和方向，如图 6-30 中所示。

将系数和自由项代入位移法方程，得

$$Z_1 = -\frac{R_{1F}}{r_{11}} = \frac{(-\sum M_{ij}^g)}{4i_{10} + 3i_{12}} \tag{6-26}$$

式中，R_{1F} 为节点 1 处附加刚臂中的反力矩，它等于汇交于节点 1 各杆的固端弯矩的代数和。

解得 Z_1 后，从而可求出基本结构上由于使附加刚臂发生角位移 Z_1 时所引起的弯矩。在节点 1 由于角位移 Z_1 所引起转动端（近端）的杆端弯矩为

$$M_{10} = 4i_{10}Z_1 = \frac{4i_{10}}{4i_{10} + 3i_{12}}(-\sum M_{1j}^g) \tag{6-27}$$

$$M_{12} = 3i_{12}Z_1 = \frac{3i_{12}}{4i_{10} + 3i_{12}}(-\sum M_{1j}^g) \tag{6-28}$$

为了使杆端弯矩的表达式简单起见，在这里我们引进杆端转动刚度 S。所谓杆端转动刚度就是在任一杆件 AB 中，使杆端 A 产生单位转角时所需的 A 端弯矩的绝对值，称为 A 端的转动刚度，用 S_{AB} 表示。各种单跨超静定梁的转动刚度如下（由表 6-1 中摘录于图 6-31）：

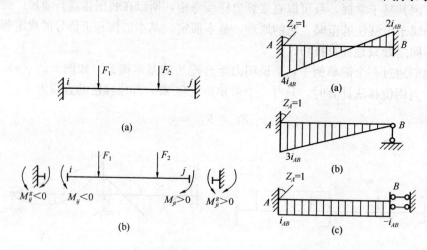

图 6-30　梁的简图　　　　图 6-31　梁简图

1）B 端为固定端时，A 端转动刚度为

$$S_{AB} = 4i_{AB}$$

2）B 端为铰支端时，A 端转动刚度为

$$S_{AB} = 3i_{AB}$$

3）B 端为定向支端时，A 端转动刚度为

$$S_{AB} = i_{AB}$$

由此在节点 1 由于角位移 Z_1 所引起转动端的杆端弯矩的表达式为

$$M_{10} = \frac{S_{10}}{S_{10} + S_{12}}(-\sum M_{1j}^g) = \frac{S_{10}}{\sum S_1}(-\sum M_{1j}^g) \tag{6-29}$$

$$M_{12} = \frac{S_{12}}{S_{10} + S_{12}}(-\sum M_{1j}^g) = \frac{S_{12}}{\sum S_1}(-\sum M_{1j}^g) \tag{6-30}$$

式中，$\sum S_1$ 为相交于节点 1 各杆杆端转动刚度的总和。

将上述杆端弯矩的表达式写成一般形式，则有

$$M_{ij} = \frac{S_{ij}}{\sum S_i}(-\sum M_{ij}^g) = \mu_{ij}(-\sum M_{ij}^g) \tag{6-31}$$

式（6-31）中

$$\mu_{ij} = \frac{S_{ij}}{\sum S_i} = \frac{ij \text{ 杆杆端的转动刚度}}{\text{节点 } i \text{ 上各杆杆端转动刚度的总和}} \tag{6-32}$$

至于节点 1 转动角位移 Z_1 时，在杆件另一端（远端）所产生的杆端弯矩怎样来求，它与转动端的杆端弯矩的关系又是如何呢？我们可从图 6-31 所示的单跨超静定梁的分析中得到启发。当 A 端转动单位转角（$Z_A = 1$）时，A 端需要 $4i_{AB}$ 的弯矩，B 端也产生 $2i_{AB}$ 的弯矩，如图 6-31（a）所示，当 Z_A 为任意值时，A 端和 B 端的弯矩也相应增加任意倍数，故 A 端和 B 端的弯矩的比值不变，则有

$$\frac{M_{BA}}{M_{AB}} = \frac{2i_{AB}}{4i_{AB}} = \frac{1}{2} \tag{6-33}$$

即

$$M_{BA} = \frac{1}{2} M_{AB} \tag{6-34}$$

同理，当一端固定，另一端为铰支时，如图 6-31（b）所示，其比值为

$$\frac{M_{BA}}{M_{AB}} = \frac{0}{3i_{AB}} = 0 \tag{6-35}$$

即

$$M_{BA} = 0 \times M_{AB} \tag{6-36}$$

当一端为固定，另一端为定向支座时，如图 6-31（c）所示，其比值为

$$\frac{M_{BA}}{M_{AB}} = \frac{-i_{AB}}{i_{AB}} = -1 \tag{6-37}$$

即

$$M_{BA} = -1 \times M_{AB} \tag{6-38}$$

由上面分析可知，若知道转动端 A 的杆端弯矩 M_{AB}，则只要乘以相应的某一系数就可得到另一端（远端）的杆端弯矩值，这个过程称为弯矩的传递。此系数称为传递系数，通常用 C_{AB} 表示。脚标 A 在前 B 在后，表示传递的方向是从 A 端向 B 端传递。

由此，我们再联系到对图 6-29 的分析，节点 1 转动角位移 Z_1 所引起（近端）的杆端弯矩由式（6-33）求出后，另一端（远端）所产生的杆端弯矩的一般表达式为

$$M_{ji} = C_{ij} M_{ij} \tag{6-39}$$

式中，C_{ij} 表示由 i 向 j 方向传递的传递系数。其值当两端固定的超静定梁为 $\frac{1}{2}$；当一端固定，另一端为铰支座时为 0；当一端固定，另一端是定向支座时为 -1。

这样，我们只要知道各杆的转动刚度 S 和传递系数 C，便可以根据式（6-31），式（6-32）和式（6-39）直接求出由于角位移 Z_1 所引起的杆端弯矩，而不必先解出 Z_1。

上述计算过程和各式的结果，可以理解为：

1）附加刚臂上的反力矩 R_{1F} 是原结构所没有的，也就是基本结构的杆端弯矩所不能平衡的差额，我们称它为节点上的不平衡力矩。用一般的符号 R_{iF} 表示，并以顺时针方向为正，它等于汇交于 i 节点上各杆的固端弯矩的代数和，即

$$R_{iF} = \sum M_{ij}^g \tag{6-40}$$

2）为了符合原来结构的实际情况，必须使节点 1 发生角位移 Z_1 来消除这一不平衡力矩，也就是在节点 1 加上一个和 R_{1F} 等值而方向相反的力矩 $-R_{1F}$，（相当于消除刚臂的作用）。在这一过程中，汇交于节点 1 的各杆将在转动端得到杆端弯矩，其大小可根据式（6-31）计算求得。这就好像按 $\frac{S_{1j}}{\sum S_1} = \mu_{ij}$ 的比例将力矩 $-R_{1F}$，分配给各杆一样。因此，我们

把 μ_{1j} 称为 $1j$ 杆 1 端的分配系数，杆端所分配到的弯矩 M_{1j} 称为 $1j$ 杆 1 端的分配弯矩。现将 i 节点上各杆的杆端分配系数和分配弯矩以一般符号表示，分别为 μ_{ij} 和 M_{ij}。

3）将各杆杆端的分配弯矩 M_{ij}，乘上相应的传递系数，就得到各杆另一端（远端）的杆端弯矩 M_{ij} 称为传递弯矩。

因此，对于只有一个节点角位移的连续梁或刚架，便可按上述方法进行计算。其步骤可归纳为：

1）先算出各杆的固端弯矩、汇交于节点各杆的分配系数和传递系数，并求出节点的不平衡力矩。

2）将不平衡力矩反其符号后，乘以各杆的分配系数，便得到相应各杆端的分配弯矩。再将分配弯矩乘上传递系数，便得到各杆远端的传递弯矩。

3）最后将各杆杆端的固端弯矩、分配弯矩、传递弯矩三者代数和叠加，即得到各杆的最后弯矩。

表 6-1 单跨超静定的形常数及载常数表

编号	梁的简图	杆端弯矩值		杆端剪力值	
		M_{AB}	M_{BA}	V_{AB}	V_{BA}
1	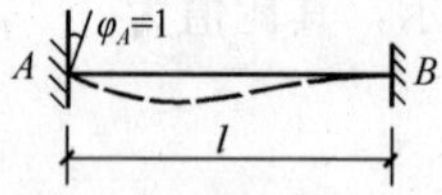	$4i$	$2i$	$-\dfrac{6i}{l}$	$-\dfrac{6i}{l}$
2	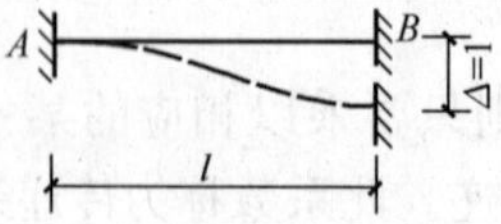	$-\dfrac{6i}{l}$	$-\dfrac{6i}{l}$	$\dfrac{12i}{l^2}$	$\dfrac{12i}{l^2}$
3	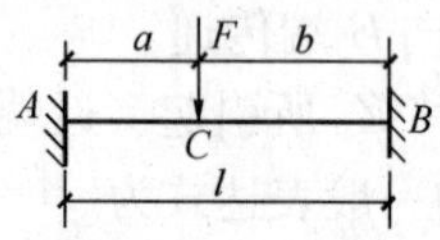	$-\dfrac{Fab^2}{l^2}$	$+\dfrac{Fba^2}{l^2}$	$\dfrac{Fb^2}{l^2}\left(1+\dfrac{2a}{l}\right)$	$-\dfrac{Fa^2}{l^2}\left(1+\dfrac{2b}{l}\right)$
4	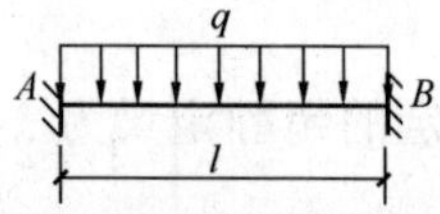	$-\dfrac{ql^2}{12}$	$\dfrac{ql^2}{12}$	$\dfrac{ql}{2}$	$-\dfrac{ql}{2}$
5	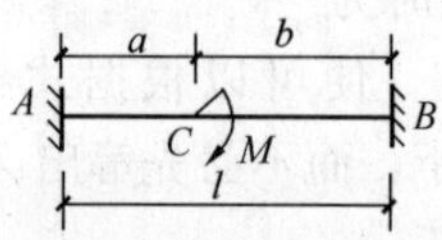	$\dfrac{Mb}{l^2}(2l-3b)$	$\dfrac{Ma}{l^2}(2l-3a)$	$-\dfrac{6ab}{l^2}M$	$-\dfrac{6ab}{l^2}M$
6	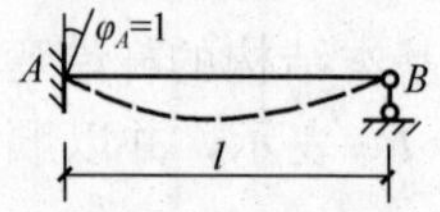	$3i$	0	$-\dfrac{3i}{l}$	$-\dfrac{3i}{l}$
7	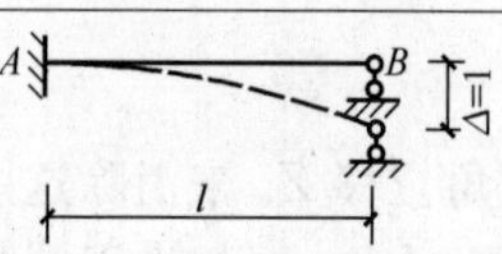	$-\dfrac{3i}{l}$	0	$\dfrac{3i}{l^2}$	$\dfrac{3i}{l^2}$
8	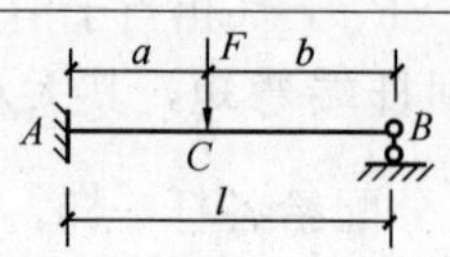	$-\dfrac{Fb(l^2-b^2)}{2l^2}$	0	$\dfrac{Fb(3l^2-b^2)}{2l^3}$	$-\dfrac{Fa^2(3l-a)}{2l^3}$

编号	梁 的 简 图	杆端弯矩值		杆端剪力值	
		M_{AB}	M_{BA}	V_{AB}	V_{BA}
9	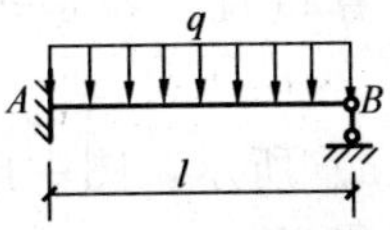	$-\dfrac{ql^2}{8}$	0	$\dfrac{5}{8}ql$	$-\dfrac{3}{8}ql$
10	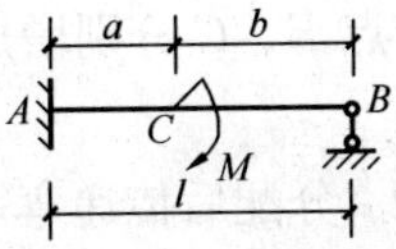	$\dfrac{M(l^2-3b^2)}{2l^2}$	0	$\dfrac{3M(l^2-b^2)}{2l^3}$	$-\dfrac{3M(l^2-b^2)}{2l^3}$
11	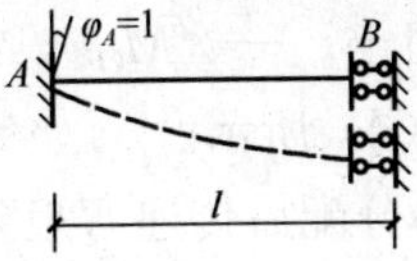	i	$-i$	0	0
12	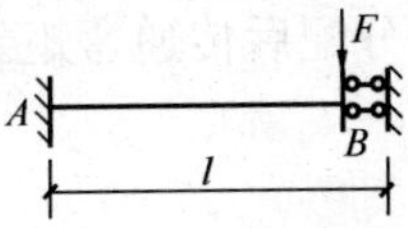	$-\dfrac{Fl}{2}$	$-\dfrac{Fl}{2}$	F	F
13	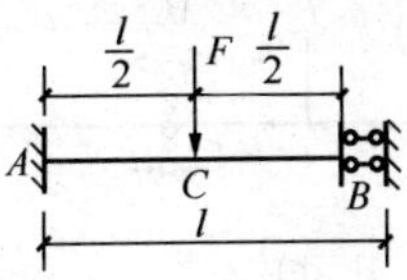	$-\dfrac{3}{8}Fl$	$-\dfrac{1}{8}Fl$	F	0
14	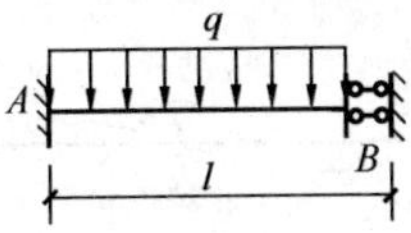	$-\dfrac{1}{3}ql^2$	$-\dfrac{1}{6}ql^2$	ql	0

6.3.2 力矩分配法的应用

本节主要介绍多跨连续梁的内力计算与内力图绘制。

(1) 单节点力矩分配法

单节点力矩分配法的计算步骤如下：

1) 根据式（6-32）确定刚节点处各杆的分配系数，并用 $\mu_{ij}=1$ 验算。

2) 以附加刚臂固定刚节点，得到固定状态，查表 6-2 得到各杆端的固端弯矩 M^F。

3) 利用式（6-31）计算各杆近端分配弯矩。

4) 根据式（6-39）计算各杆远端传递弯矩。

5) 叠加计算出最后的各杆端弯矩。对于近端，用固端弯矩叠加分配弯矩；对于远端，固端弯矩叠加传递弯矩。

(2) 多节点力矩分配法

对于多节点的情况，需要在多个刚节点处分配传递计算，由于节点之间相互有传递弯矩的影响，一次分配计算就不能保证所有节点的平衡，而需要多次重复计算，将相互间的传递弯矩再进行分配计算。在多次力矩分配计算中，传递弯矩会越来越小，最后趋近于零，此时节点就接近于平衡，如果把此时各杆端每次分配计算得到的分配弯矩、传递弯矩叠加，再加上原先的固端弯矩，就是最后的杆端弯矩。这一分配传递计算过程，就是多节点力矩分配法。

我们以一个三跨连续梁为例来说明这个过程，如图 6-32（a）所示，图中虚线为梁的变形线。

1）我们先分析梁的固定状态，如图 6-32（b）所示，在节点 B、C 分别增加刚臂将节点锁住，在刚臂上必有附加约束力矩 M_{BF}、M_{CF}。

2）先放松节点 B，在 B 点施加 $-M_{BF}$，C 仍然固定。$-M_{BF}$ 分配后传递弯矩到 C，因此 C 节点约束力矩增加了 M^1_{CF}，如图 6-32（c）所示。

3）放松 C 点，在 C 点施加 $-（M_{CF}+M^1_{CF}）$，B 重新被固定。$-（M_{CF}+M^1_{CF}）$ 分配后传递弯矩到 B，节点 B 重新增加了附加约束 M^1_{BF}，如图 6-32（d）所示。

4）再次放松节点 B，在 B 点施加 $-M^1_{BF}$，C 固定，$-M^1_{BF}$ 分配后传递弯矩到 C，C 节点约束力矩重新增加了 M^2_{CF}，如图 6-32（e）所示。

5）再次放松节点 C，在 C 点施加 $-M^2_{CF}$，B 固定，$-M^2_{CF}$ 分配后传递弯矩到 B，B 节点约束力矩又增加 M^2_{BF}，如图 6-32（f）所示。

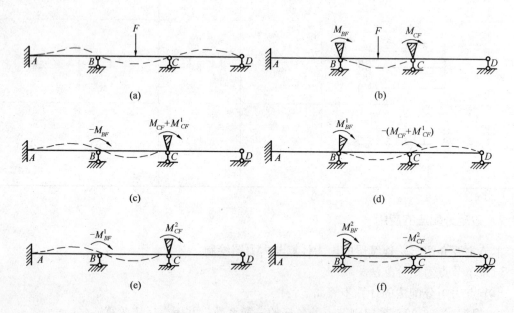

图 6-32　三跨连续梁力矩分配示意

重复以上步骤，轮流放松 B、C 节点，我们发现节点 B、C 相互间的传递弯矩会越来越小，最后趋近于零。此时停止分配计算，把以上固定状态和所有放松状态叠加起来，就是梁原始的受力状态，所以把以上固定状态和各放松状态的弯矩叠加，就可以得到原结构的杆端弯矩。

这种不需要解联立方程，直接从开始的近似状态逐步计算修正，最后收敛于真实解的方法就称为渐进法，力矩分配法就是一种渐进解法。

表 6-2　单跨超静定梁杆端弯矩和杆端剪力

编号	梁的简图	弯矩图	杆端弯矩		杆端剪力	
			M_{AB}	M_{BA}	V_{AB}	V_{BA}
1			$\dfrac{4EI}{l}=4i$	$2i$ $\left(i=\dfrac{EI}{l}\text{以下同}\right)$	$-\dfrac{6i}{l}$	$-\dfrac{6i}{l}$
2			$-\dfrac{6i}{l}$	$-\dfrac{6i}{l}$	$\dfrac{12i}{l^2}$	$\dfrac{12i}{l^2}$
3			$3i$	0	$-\dfrac{3i}{l}$	$-\dfrac{3i}{l}$
4			$-\dfrac{3i}{l}$	0	$\dfrac{3i}{l^2}$	$\dfrac{3i}{l^2}$
5			i	$-i$	0	0
6			$-\dfrac{Pab^2}{l^2}$ 当 $a=b$ 时 $-\dfrac{Pl}{8}$	$\dfrac{Pa^2b}{l^2}$ $\dfrac{Pl}{8}$	$\dfrac{Pb^2}{l^2}\left(1+\dfrac{2a}{l}\right)$ $\dfrac{P}{2}$	$-\dfrac{Pa^2}{l^2}\left(1+\dfrac{2b}{l}\right)$ $-\dfrac{P}{2}$
7			$-\dfrac{ql^2}{12}$	$\dfrac{ql^2}{12}$	$\dfrac{ql}{2}$	$-\dfrac{ql}{2}$

续表

编号	梁的简图	弯矩图	杆端弯矩 M_{AB}	M_{BA}	杆端剪力 V_{AB}	V_{BA}
8	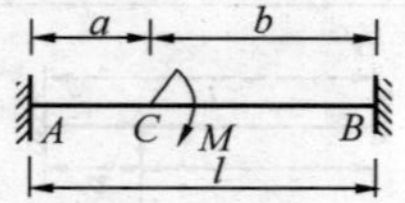	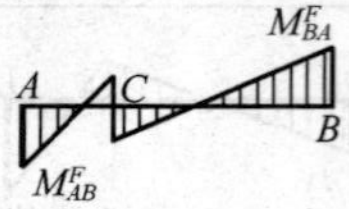	$\dfrac{Mb(3a-l)}{l^2}$	$\dfrac{Ma(3b-l)}{l^2}$	$-\dfrac{6ab}{l^2}M$	$-\dfrac{6ab}{l^2}M$
9	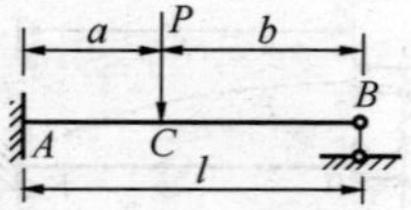	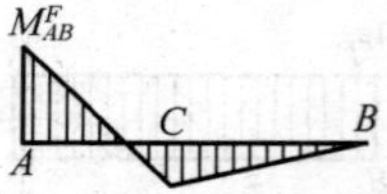	$-\dfrac{Pab(l+b)}{2l^2}$ 当 $a=b=\dfrac{l}{2}$ 时 $-\dfrac{3Pl}{16}$	0	$\dfrac{Pb(3l^2-b^2)}{2l^3}$ $\dfrac{11}{16}P$	$-\dfrac{Pa^2(2l+b)}{2l^3}$ $-\dfrac{5}{16}P$
10	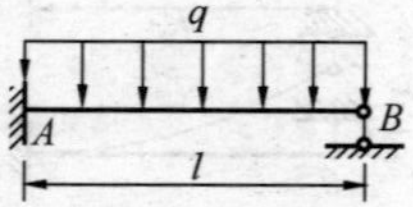	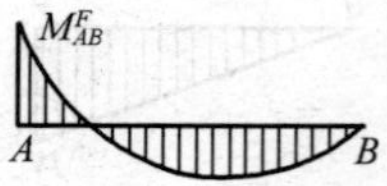	$-\dfrac{ql^2}{8}$	0	$\dfrac{5}{8}ql$	$-\dfrac{3}{8}ql$
11	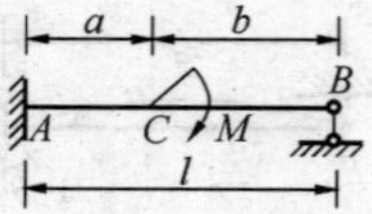	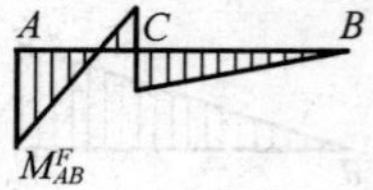	$\dfrac{M(l^2-3b^2)}{2l^2}$	0	$-\dfrac{3M(l^2-b^2)}{2l^3}$	$-\dfrac{3M(l^2-b^2)}{2l^3}$
12	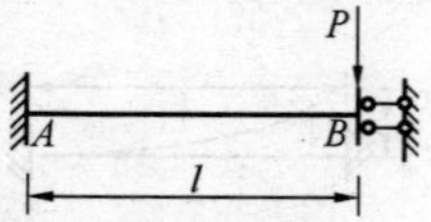	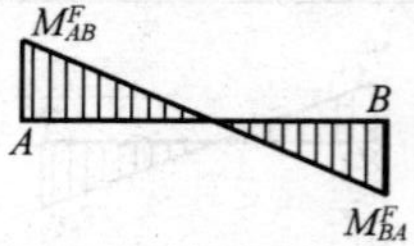	$-\dfrac{Pl}{2}$	$-\dfrac{Pl}{2}$	P	P
13	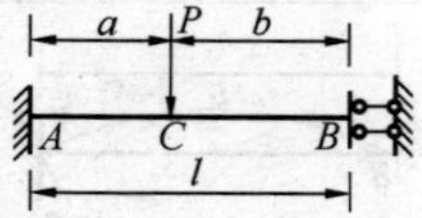	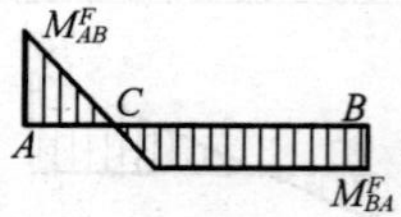	$-\dfrac{Pa(l+b)}{2l}$ 当 $a=6$ 时 $-\dfrac{3Pl}{8}$	$-\dfrac{Pa^2}{2l}$	P	0
14	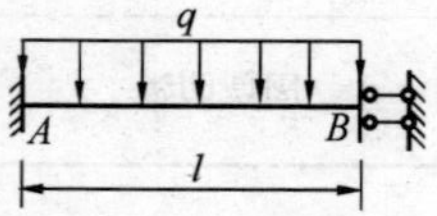	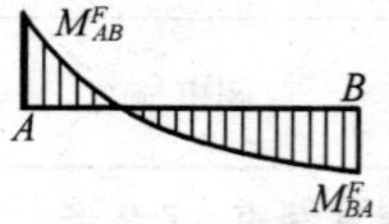	$-\dfrac{ql^2}{3}$	$-\dfrac{ql^2}{6}$	ql	0

148

【例6-3】 用力矩分配法计算图6-33（a）所示三跨连续梁，绘出弯矩图和剪力图。EI为常数。

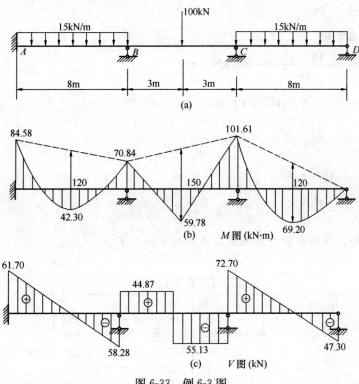

图6-33 例6-3图

【解】

（1）确定刚节点处各杆的分配系数，为了计算简便，可令$EI=1$。

节点B：

$$S_{BA} = 4i_{AB} = 4 \times \frac{1}{8} = \frac{1}{2}$$

$$S_{BC} = 4i_{BC} = 4 \times \frac{1}{6} = \frac{2}{3}$$

$$\mu_{BA} = \frac{\frac{1}{2}}{\frac{1}{2} + \frac{2}{3}} = 0.429$$

$$\mu_{BC} = \frac{\frac{2}{3}}{\frac{1}{2} + \frac{2}{3}} = 0.571$$

节点C：

$$S_{CB} = 4i_{BC} = 4 \times \frac{1}{6} = \frac{2}{3}$$

$$S_{CD} = 3i_{CD} = 3 \times \frac{1}{8} = \frac{3}{8}$$

$$\mu_{CD} = \frac{\frac{2}{3}}{\frac{2}{3} + \frac{3}{8}} = 0.64$$

$$\mu_{CD} = \frac{\dfrac{3}{8}}{\dfrac{2}{3} + \dfrac{3}{8}} = 0.36$$

（2）计算固端弯矩

$$M_{AB}^{F} = -\frac{ql^{2}}{12} = -\frac{15 \times 8^{2}}{12} = -80(\text{kN} \cdot \text{m})$$

$$M_{BA}^{F} = \frac{ql^{2}}{12} = \frac{15 \times 8^{2}}{12} = 80(\text{kN} \cdot \text{m})$$

$$M_{BC}^{F} = -\frac{Fl}{8} = -\frac{100 \times 6}{8} = -75(\text{kN} \cdot \text{m})$$

$$M_{CB}^{F} = \frac{Fl}{8} = 75(\text{kN} \cdot \text{m})$$

$$M_{CD}^{F} = -\frac{ql^{2}}{8} = -\frac{15 \times 8^{2}}{8} = -120(\text{kN} \cdot \text{m})$$

（3）分配弯矩、传递弯矩计算及最后弯矩的叠加如下

	AB	BA	BC		CB	CD		DC
		0.429	0.571		0.64	0.36		
固端弯矩	−80	80	−75		75	−120		0
			14.4	←	28.8	16.2	→	0
分配传递 计算	−4.16	← −8.32	−11.08	→	−5.54			
			1.78	←	3.55	1.99	→	0
	−0.38	← −0.76	−1.02	→	−0.51			
			0.17	←	0.33	0.18	→	0
	−0.04	← −0.07	−0.10	→	−0.05			
			0.02	←	0.03	0.20	→	0
		−0.01	−0.01					
最后的弯矩	−84.58	70.84	−70.84		101.61	−101.61		0

显然，刚节点 B 满足节点平衡条件：$\sum M_B = 0$，刚节点 C 满足节点平衡条件：$\sum M_C = 0$。弯矩图、剪力图如图 6-33 (b)、(c) 所示。

上岗工作要点

1. 了解力法、力矩分配法在实际工作中的应用。

2. 掌握多跨连续梁的内力计算与内力图绘制方法，当实际工作中需要时，能够熟练应用。

思 考 题

6-1　如何确定结构的超静定次数？

6-2　力法的基本未知量是什么？其基本结构是什么？

6-3　力法的典型方程是根据什么确立的？其物理意义是什么？

6-4　如何利用对称性进行超静定结构内力分析？

6-5　力矩分配法的基本运算是什么？

习　题

6-1　判断下图所示结构的超静定次数。

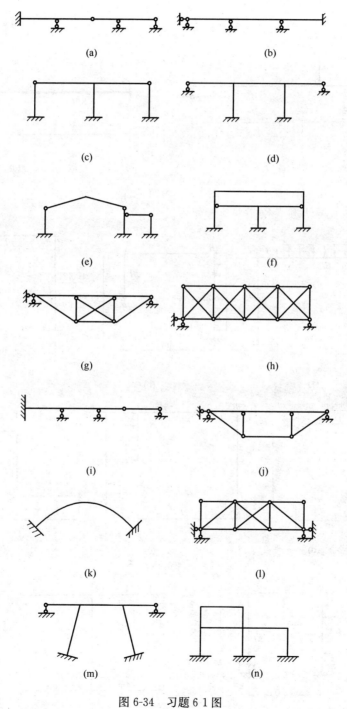

图 6-34　习题 6-1 图

6-2 用力法计算超静定梁。

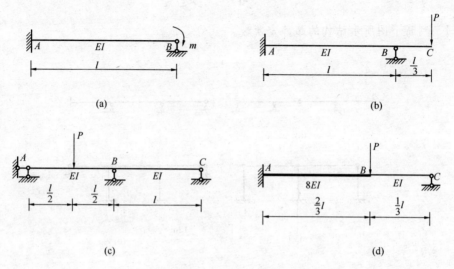

(a)

(b)

(c)

(d)

图 6-35 习题 6-2 图

6-3 用力法计算下列各刚架并作弯矩图。

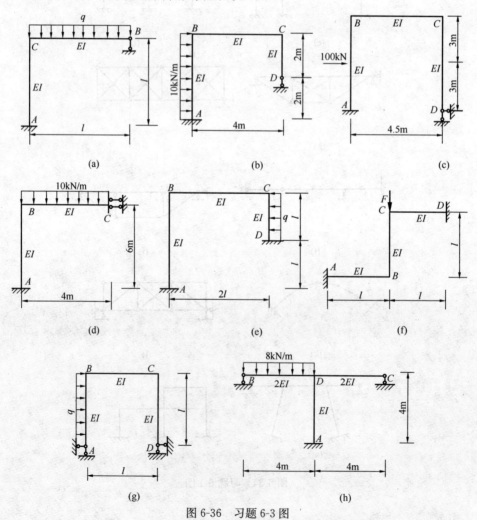

(a)

(b)

(c)

(d)

(e)

(f)

(g)

(h)

图 6-36 习题 6-3 图

6-4　用力矩分配法计算图示连续梁的各杆端弯矩并绘制 M 图。

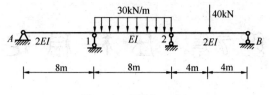

图 6-37　习题 6-4 图

6-5　利用对称性计算，并绘制最终的弯矩图。

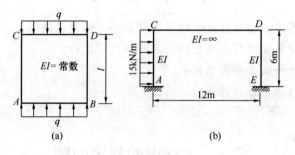

图 6-38　习题 6-5 图

第7章 压杆稳定

```
重 点 提 示
```

1. 掌握压杆临界力、临界应力的计算，欧拉公式的适用范围。
2. 掌握柔度的计算及用折减系数法验算压杆的稳定性。
3. 了解经验公式及临界应力总图。
4. 了解提高拉杆稳定性的措施。

7.1　工程中的稳定问题

　　本章仅讨论中心受压杆的稳定问题。工程上经常遇到的中心受压杆有桁架中的压杆、中心受压柱等，它们除必须满足强度条件外，主要是考虑稳定问题，因为往往会由于"失稳"而破坏。下面通过实例说明什么叫"失稳"。

　　中心受拉杆，荷载逐渐增大，直到杆件被拉断，杆件的轴线始终保持原有的直线形状。而细长的中心受压杆，在压力 F 远小于材料的抗压强度所确定的荷载时，杆就发生了弯曲，此时杆件已不能正常工作，甚至会引起整个结构物的倒塌。例如，1907 年北美的魁北克圣劳伦斯河上一座长 548m 的钢桥，在施工中突然倒塌，就是由于桁架中的一根压杆失稳所致，而其强度却是足够的。所谓失稳也就是本来直线状态的中心压

图 7-1　压杆压弯
变形图

杆，当荷载超过某一数值后，突然弯曲，改变了它原来的变形性质，即由压缩变形转化为压弯变形（图 7-1），杆件此时的荷载是远小于按抗压强度所确定的荷载。人们将细长压杆所发生的这种情形称为"丧失稳定"，或简称"失稳"，而把这一类性质的问题称为"稳定问题"。

　　除中心压杆会出现稳定问题外，其他一些构件也会出现类似的稳定问题。例如，狭长矩形截面梁的侧向整体失稳、薄板的失稳、薄壁圆柱筒壳的失稳和拱的失稳问题，如图 7-2 所示。

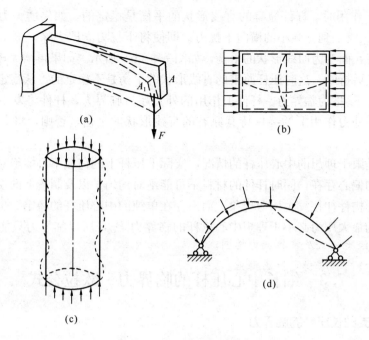

图 7-2　各种构件失稳示意

7.2　压杆稳定的概念

图 7-3（a）表示将一小球放在凹面的最低位置 A，处于平衡状态的情形，这时如果将小球轻轻推动一下，小球将由于本身自重的作用，在点 A 附近来回滚动，最后停留在原来位置 A，我们说小球在位置 A 的平衡是稳定的，即称为"稳定平衡"。图 7-3（b）则表示将小球放在凸面上的 B 点，如果无干扰力，小球在最高点 B 也能平衡，但如果将小球轻微推动一下，小球将沿坡面滚下去，到另一位置 C，然后静止平衡，再也不能回到原来位置 B 上，这种小球在原来位置 B 的平衡是不稳定的，称为"不稳定平衡"。

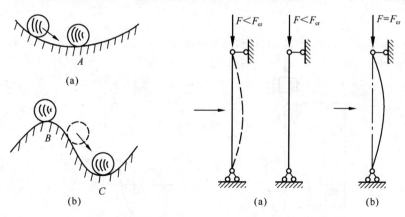

图 7-3　小球放在凹凸面　　　　　　图 7-4　弹性压杆失稳

同样，对弹性压杆也有稳定平衡与不稳定平衡的问题，例如，细长的理想中心受压杆件，两端铰支且作用压力 F，并使杆在微小横向干扰力作用下弯曲。图 7-4（a）中，当 F 较小时，撤去横向干扰力以后，杆件便来回摆动，最后恢复到原来的直线形状的平衡。所以，

在较小的压力 F 作用时，杆件原有的直线形状的平衡是稳定的。如果增大力 F，直到一定值 F_{cr} 时，压杆只要受到一微小的横向干扰力，即使将干扰力立即去除，也不能回复到原来的直线平衡状态，而变为曲线形状的平衡，如图 7-4（b）所示。如果再增大压力 F，则杆件继续弯曲以至最后折断，这时压杆原来的直线形状的平衡是不稳定的。从稳定平衡过渡到不稳定平衡的外力 F_{cr} 称为临界力。杆件上作用的外力超过临界力，杆件将发生失稳现象。工程上要求压杆在外力作用下始终保持其原有的直线形状的平衡，否则，将会导致建筑物的倒塌。

以上所述是限于理想的中心压杆的情况，实际上压杆上的荷载不可能绝对地作用在杆的轴线上，而有初偏心存在，同时杆件的材料不可能绝对均匀，以及制造上的误差都会存在初曲率，所以实际构件往往发生压弯现象，而不存在单纯的中心压杆的稳定。也就是说，实际压杆所能承受的最大压力必小于理想中心压杆的临界力 F_{cr}，所以临界力只能视作实际压杆承载能力的上限。

7.3 细长中心压杆的临界力·欧拉公式

7.3.1 两端铰支细长压杆的临界力

本节讨论理想的弹性细长中心受压杆的临界力公式，这里以两端铰支（球铰）的等截面中心压杆为例来推导其临界力的计算公式。根据前面所述，此中心压杆在 F_{cr} 作用下，有可能在微弯状态下平衡。现假设在 F_{cr} 作用下如图 7-5（a）所示的微弯状态下平衡，此时压杆距离铰 B 为 x 的任意横截面上的位移为 ν，而该截面上的弯矩为

$$M(x) = F_{cr}\nu \tag{7-1}$$

弯矩的正、负号按前面规定，在图 7-6 所示的坐标系中弯矩 $M(x)$ 为正。压力 F_{cr} 取正值，位移 ν 以沿 y 轴的正向为正。将弯矩 $M(x)$ 代入挠曲线的近似微分方程式，得

$$EI\nu'' = -M(x) = -F_{cr}\nu \tag{7-2}$$

其中，I 代表横截面对其形心轴的惯性矩中的最小值即 I_{min}。将上式两端除以 EI，并令

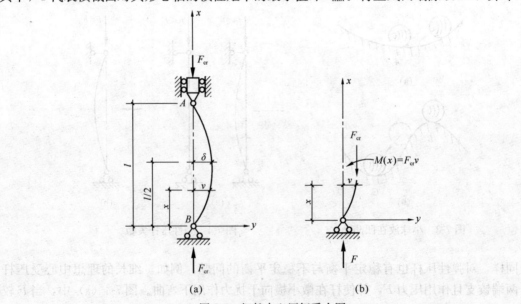

图 7-5 细长中心压杆受力图

$$\frac{F_{cr}}{EI} = k^2 \tag{7-3}$$

式中，k 为一系数，将 k^2 代入式（7-2），则式（7-2）可写成如下形式的二阶常系数线性微分方程：

$$v'' + k^2 v = 0 \tag{7-4}$$

上式的通解为

$$v = A\sin kx + B\sin kx \tag{7-5}$$

式（7-5）中有三个待定常数 A，B 和 k，可利用挠曲线的三个边界条件来确定。

由 $x=0$，$v=0$ 这一边界条件，可得 $B=0$，于是

$$v = A\sin kx \tag{7-6}$$

其次，由式（7-6）及 $x=\dfrac{l}{2}$，$v=\delta$，这一条件（δ 为挠曲线的中点挠度），可得

$$A = \frac{\delta}{\sin\dfrac{kl}{2}} \tag{7-7}$$

将此常数 A 代回式（7-7），得

$$\delta = \frac{\sin kx}{\sin\dfrac{kl}{2}} \tag{7-8}$$

最后，由式（7-8）及 $x=l$，$v=0$，这一边界条件得到

$$\frac{\delta}{\sin\dfrac{kl}{2}}\sin kl = 2\delta\cos\frac{kl}{2} = 0 \tag{7-9}$$

上述条件只有在 $\delta=0$ 或 $\cos\dfrac{kl}{2}=0$ 时才成立。而 $\delta=0$ 说明压杆原来没有微弯，这与维持微弯状态下平衡的出发点有矛盾，所以要使压杆在微弯状态下维持平衡，必须是

$$\cos\frac{kl}{2} = 0 \tag{7-10}$$

即必须要满足 $\qquad \dfrac{kl}{2} = \dfrac{n\pi}{2}(n=1,3,5,\cdots)$

其中，n 最小取 1，其解为

$$kl = \sqrt{\frac{F_{cr}}{EI}}l = \pi \tag{7-11}$$

由此得出临界力公式

$$F_{cr} = \frac{\pi^2 EI}{l} \tag{7-12}$$

由于上式由欧拉首先导出，通常称为欧拉公式。

在 $kl=\pi$ 时，$\sin\dfrac{kl}{2}=\sin\dfrac{\pi}{2}=1$，所以，由式（7-8）可知挠曲线的方程为

$$v = \delta\sin\frac{\pi x}{l} \tag{7-13}$$

这里 δ 无法解出，似乎无论 δ 为任何微小值，上述平衡条件都成立。但事实上不是如此，如果用精确微分方程去求解，则可解出 δ 与 F 的一一对应关系，在 F 一定的数值下，δ

是可以求出的。这里不作详细讨论。

从临界力公式知，临界力与抗弯刚度 EI 成正比，与 l^2 成反比。同时，上述临界力公式是从两端铰支的中心受压杆推导出来的，对于其他约束情况，亦可用同样方法推导出各自的临界力公式，在推导过程中，我们运用了边界条件，所以说明临界力与两端的支座条件有关。

7.3.2 其他支承形式细长压杆的临界力

对一端固定另一端自由、一端固定另一端铰支和两端固定的压杆（图 7-6），推导临界力公式的结果表明，无论支承约束如何，其临界力公式，可用下面的普遍形式表达，即

$$F_{cr} = \frac{\pi^2 EI}{(\mu l)^2} \tag{7-14}$$

式中，μ 为长度系数，它反映了杆件两端约束对临界力的影响，μ 的数值见图 7-6。从 μ 的数值知，杆端约束愈强，则临界力愈大。

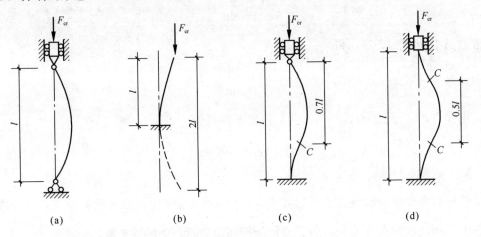

图 7-6 不同杆端约束下的细长压杆

(a) 两端铰支，$\mu=1$；(b) 一端固定，一端自由，$\mu=2$；

(c) 一端固定，一端铰支，$\mu=0.7$；(d) 两端固定，$\mu=0.5$

各种约束情况下的压杆，由于在失稳时的挠曲线上拐点 C 处的弯矩为零，故可设想拐点 C 处有一铰，并可将两铰之间视作两端铰支的压杆，则可利用两端铰支压杆的临界力公式，只需将长度 z 写成相当长度 μl 即可，μl 又称计算长度。上述长度系数 μ 的值，都是按理想约束情况得到的，在工程实际中确定 μ 时，要对实际的约束作具体分析，例如，设计两端固定的压杆，实际上，端部约束很难做到完全固定，这时 μ 不能取 0.5，而要根据实际固定情况，在固定端与铰支座之间，即在 0.5～1 的范围内取值。

下面将临界力公式用另一种形式表达。将惯性矩 I 用 $i^2 A$ 表示，即 $I=i^2 A$，这里 A 为压杆横截面面积，i 为惯性半径。

对于矩形截面，如图 7-7（a）所示：

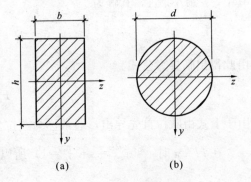

图 7-7 压杆横截面图

$$i_z = \sqrt{\frac{I_z}{A}} = \sqrt{\frac{\frac{1}{12}bh^3}{bh}} = \frac{h}{\sqrt{12}} \left.\right\}$$

$$i_y = \sqrt{\frac{I_y}{A}} = \sqrt{\frac{\frac{1}{12}hb^3}{bh}} = \frac{b}{\sqrt{12}}$$

(7-15)

对于圆形截面，如图 7-7（b）所示：

$$i = \sqrt{\frac{I}{A}} = \sqrt{\frac{\pi d^4/64}{\pi d^2/4}} = \frac{d}{4}$$

(7-16)

于是临界力公式可写成

$$F_{cr} = \frac{\pi^2 E i^2 A}{(\mu l)^2} = \frac{\pi^2 EA}{\left(\frac{\mu l}{i}\right)^2} = \frac{\pi^2 EA}{\lambda^2}$$

(7-17)

式中，$\lambda = \frac{\mu l}{i}$ 是一个无量纲的量，称压杆的柔度，或称长细比。它反映了与杆的长度 l、横截面的形状和尺寸有关的惯性半径 i 及与杆端约束有关的长度系数 μ，对临界力的综合影响，以后可根据 λ 的数值的变化来研究临界力的变化。应该注意的是，式（7-14）与式（7-17）只适用于材料处弹性范围内。

7.4 欧拉公式应用的范围·临界应力

7.4.1 临界应力与长细比的概念

当长细比 λ 小于界限值 λ_p 时，即应力超过比例极限 σ_p 时，压杆会产生非弹性屈曲，此时的临界应力的计算，香莱在 1974 年研究了理想中心受压杆的非弹性稳定问题，并提出切线模量临界力理论，以切线模量 E_t 代替欧拉临界力公式中的弹性模量 E。

$$F_{cr,t} = \frac{\pi^2 E_t A}{\lambda^2}$$

(7-18)

式中　$F_{cr,t}$——切线模量临界力；

　　　E_t——切线模量。

切线模量 E_t 表示在钢材的应力-应变曲线上的临界应力处的斜率，如图 7-8 所示，非弹性阶段的切线模量临界应力公式为

$$\sigma_{cr,t} = \frac{\pi^2 E_t}{\lambda^2}$$

(7-19)

临界应力总图：

非弹性阶段的临界应力 $\sigma_{cr,t}$ 与长细比 λ 的关系如图 7-9 中左半段的实线所示。

欧拉临界力和切线模量临界力与长细比 λ 的关系曲线，又称理想中心受压杆的临界应力总图，如图 7-9 所示。

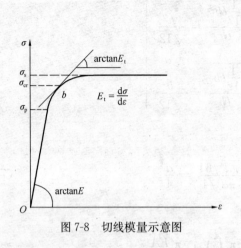

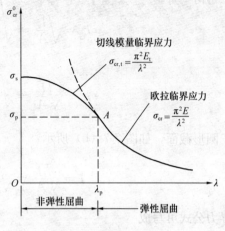

图 7-8　切线模量示意图

图 7-9　临界应力总图

【例 7-1】　一端固定、一端自由的中心受压柱，柱长 $l=1.1\text{m}$，材料为 HPB300 钢，弹性模量 $E=2\times10^5\text{MPa}$。试求：（1）图 7-10 所示两种截面时的临界力，一种截面为 $45\text{mm}\times6\text{mm}$ 的角钢，另一种由截面为两个 $45\text{mm}\times6\text{mm}$ 的角钢组成；（2）比较二者的临界力。

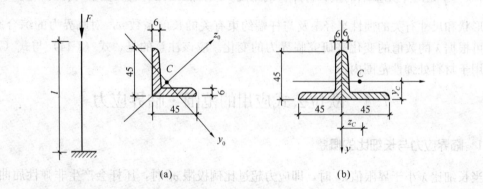

图 7-10　例 7-1 图

【解】

（1）单个角钢的截面

由型钢表查得 $I_{\min}=I_{y_0}=3.89$（cm^4）$=3.89\times10^{-8}$（m^4）。

临界力

$$F_{\text{cr}}=\frac{\pi^2EI_{\min}}{(\mu l)^2}=\frac{\pi^2\times2\times10^{11}\times3.89\times10^{-8}}{(2\times1.1)^2}=15849(\text{N})=15.849(\text{kN})$$

（2）由两个角钢组成的截面

查型钢表，单个角钢的 $I_z=9.33\text{cm}^4$，$A=5.076\text{cm}^2$，$z_C=y_C=1.33\text{cm}^4$

所以 $I_z=2\times9.33=18.66$（cm^4）

$I_{\min}=I_z$，故临界力为

$$F_{\text{cr}}=\frac{\pi^2EI_{\min}}{(\mu l)^2}=\frac{\pi^2\times2\times10^{11}\times18.66\times10^{-8}}{(2\times1.1)^2}=76025(\text{N})=76.025(\text{kN})$$

（3）临界力之比（惯性矩之比）

$$\frac{F_{\text{cr}(2)}}{F_{\text{cr}(1)}}=\frac{I_{\min(2)}}{I_{\min(1)}}=\frac{18.66}{3.89}=4.8(倍)$$

用两个角钢组成的截面比一个角钢的截面，在面积增大一倍情形下，临界力可增大 4.8 倍。所以，临界力与截面尺寸和形状均有关。在截面积不改变的情况下，如何提高临界力是值得考虑的。

7.4.2 欧拉公式应用的范围

临界应力公式是假设材料在线弹性范围内的条件下导出的，因此，压杆失稳前的应力必须不大于材料的比例极限 σ_p，否则应力与应变不成正比，挠曲线的近似微分方程不成立，当然临界力公式也不成立。临界应力公式的适用范围可用 λ 来判别。临界应力用 σ_{cr} 表示，则临界应力为

$$\sigma_{cr} = \frac{F_{cr}}{A} = \frac{\pi^2 E}{\lambda^2} \tag{7-20}$$

如果

$$\sigma_{cr} = \frac{\pi^2 E}{\lambda^2} \leqslant \sigma_p \tag{7-21}$$

或写成

$$\lambda \geqslant \sqrt{\frac{\pi^2 E}{\sigma_p}} \tag{7-22}$$

也就是说，只有当压杆的长细比 $\lambda \geqslant \sqrt{\dfrac{\pi^2 E}{\sigma_p}}$ 时，才能用临界应力公式计算临界力或临界应力，这类压杆我们称大柔度杆，或称为细长压杆。式（7-22）的右边为 λ_p。λ_p 是能否用临界应力公式计算临界力的细长比界限值，其大小取决于材料的力学性质（即 σ_p 与 E）。例如 HPB300 钢，$E=2.06\times10^5\text{MPa}$，$\sigma_p=200\text{MPa}$，则

$$\lambda_p \geqslant \sqrt{\frac{\pi^2 E}{\sigma_p}} = \sqrt{\frac{\pi^2 \times 2.06 \times 10^5}{200}} \approx 100$$

即 HPB300 钢制成的中心受压杆，当 $\lambda \geqslant 100$ 时，才能用临界应力公式计算临界力。其他材料，同样可求出其界限值 λ_p。

7.5 压杆稳定的实用计算 · φ 系数法

当压杆中的应力达到（或超过）其临界应力时，压杆会丧失稳定。所以，正常工作的压杆，其横截面上的应力应小于临界应力。在工程中，为了保证压杆具有足够的稳定性，还必须考虑一定的安全储备，这就要求横截面上的应力，不能超过压杆的临界应力的许用值 $[\sigma_{cr}]$，即：

$$\sigma = \frac{F}{A} \leqslant [\sigma_{cr}] \tag{7-23}$$

$[\sigma_{cr}]$ 为临界应力的许用值，其值为

$$[\sigma_{cr}] = \frac{\sigma_{cr}}{n_{st}} \tag{7-24}$$

式中　n_{st}——稳定安全系数。

稳定安全系数一般都大于强度计算时的安全系数，这是因为在确定稳定安全系数时，除了应遵循确定安全系数的一般原则以外，还必须考虑实际压杆并非理想的轴向压杆这一情况。例如，在制造过程中，杆件不可避免地存在微小的弯曲（即存在初曲率）；另外，外力的作用线也不可能绝对准确地与杆件的轴线相重合（即存在初偏心）等，这些因素都应在稳定安全系数中加以考虑。

为了计算上的方便，将临界应力的许用值，写成如下形式：

$$[\sigma_{cr}] = \frac{\sigma_{cr}}{n_{st}} = \varphi[\sigma] \tag{7-25}$$

从上式可知，φ 值为

$$\varphi = \frac{\sigma_{cr}}{n_{st}[\sigma]} \tag{7-26}$$

式中　$[\sigma]$ ——强度计算时的许用应力；

　　　φ ——折减系数，其值小于 1。

由式 (7-26) 可知，当 $[\sigma]$ 一定时，φ 取决于 σ_{cr} 与 n_{st}。由于临界应力 σ_{cr} 值随压杆的长细比 λ 而改变，而不同长细比的压杆一般又规定不同的稳定安全系数，所以折减系数 φ 是长细比 λ 的函数。当材料一定时，φ 值取决于长细比 λ 的值。表 7-1 即列出了 HPB300 钢、16 锰钢和木材的折减系数 φ 值。

表 7-1　折　减　系　数　表

λ	φ			λ	φ		
	HPB300 钢	16 锰钢	木材		HPB300 钢	16 锰钢	木材
0	1.000	1.000	1.000	110	0.536	0.386	0.248
10	0.995	0.993	0.971	120	0.446	0.325	0.208
20	0.981	0.973	0.932	130	0.401	0.279	0.178
30	0.958	0.940	0.883	140	0.349	0.242	0.153
40	0.927	0.895	0.822	150	0.306	0.213	0.133
50	0.888	0.840	0.751	160	0.272	0.188	0.117
60	0.842	0.776	0.668	170	0.243	0.168	0.104
70	0.789	0.705	0.575	180	0.218	0.151	0.093
80	0.731	0.627	0.470	190	0.197	0.136	0.083
90	0.669	0.546	0.370	200	0.180	0.124	0.075
100	0.604	0.462	0.300				

$[\sigma_{cr}]$ 与 $[\sigma]$ 虽然都是"许用应力"，但两者却有很大的不同。$[\sigma]$ 只与材料有关，当材料一定时，其值为定值；而 $[\sigma_{cr}]$ 除了与材料有关以外，还与压杆的长细比有关，所以，相同材料制成的不同（长细比）的压杆，其 $[\sigma_{cr}]$ 值是不同的。

将式 (7-25) 代入式 (7-26)，可得

$$\sigma = \frac{F}{A} \leqslant \varphi[\sigma] \ 或 \frac{F}{A\varphi} \leqslant [\sigma] \tag{7-27}$$

上式即为压杆需要满足的稳定条件。由于折减系数 φ 可按 λ 的值直接从表 7-1 中查到，因此，按式 (7-27) 的稳定条件进行压杆的稳定计算，十分方便。因此，该方法也称为实用计算方法。

应当指出，在稳定计算中，压杆的横截面面积 A 均采用毛截面面积计算，即当压杆在局部有横截面削弱（如钻孔、开口等）时，可不予考虑。因为压杆的稳定性取决于整个杆件的弯曲刚度，而局部的截面削弱对整个杆件的整体刚度来说，影响甚微。但是，对截面的削弱处，则应当进行强度验算。

应用压杆的稳定条件，可以对以下三个方面的问题进行计算：

1) 稳定校核，即已知压杆的几何尺寸、所用材料、支承条件以及承受的压力，验算是否满足式 (7-27) 的稳定条件。

这类问题，一般应首先计算出压杆的长细比 λ，根据 λ 查出相应的折减系数 φ，再按照式（7-27）进行校核。

2）计算稳定时的许用荷载，即已知压杆的几何尺寸、所用材料及支承条件，按稳定条件计算其能够承受的许用荷载 F 值。

这类问题，一般也要首先计算出压杆的长细比 λ，根据 λ 查出相应的折减系数 φ，再按照下式进行计算：

$$F \leqslant A\varphi[\sigma] \tag{7-28}$$

3）进行截面设计，即已知压杆的长度、所用材料、支承条件以及承受的压力 F，按照稳定条件计算压杆所需的截面尺寸。

这类问题，一般采用"试算法"。这是因为在稳定条件式（7-27）中，折减系数 φ 是根据压杆的长细比 λ 查表得到的，而在压杆的截面尺寸尚未确定之前，压杆的长细比 λ 不能确定，所以也就不能确定折减系数 φ。因此，只能采用试算法。首先假定一折减系数 φ 值（0 与 1 之间），由稳定条件计算所需要的截面面积 A，然后计算出压杆的长细比 λ，根据压杆的长细比 λ 查表得到折减系数 φ，再按照式（7-27）验算是否满足稳定条件。如果不满足稳定条件，则应重新假定折减系数 φ 值，重复上述过程，直到满足稳定条件为止。

【例 7-2】 如图 7-11 所示，构架由两根直径相同的圆杆构成，杆的材料为 HPB300 钢，直径 $d=20\text{mm}$，材料的许用应力 $[\sigma]=170\text{MPa}$，已知 $h=0.4\text{m}$，作用力 $F=18\text{kN}$。试在计算平面内校核二杆的稳定。

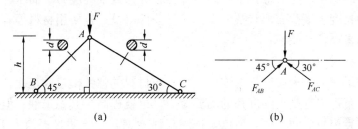

(a) (b)

图 7-11 例 7-2 图

【解】

（1）计算各杆承受的压力取节点 A 为研究对象，根据平衡条件列方程

$\sum X = 0 \quad F_{AB} \cdot \cos45° - F_{AC} \cdot \cos30° = 0$

$\sum Y = 0 \quad F_{AB} \cdot \sin45° + F_{AC} \cdot \sin30° - F = 0$

联立上两式解得二杆承受的压力分别为

$F_{AB} = 0.896F = 16.13(\text{kN})$

$F_{AC} = 0.732F = 13.18(\text{kN})$

（2）计算二杆的长细比

各杆的长度分别为

$l_{AB} = \sqrt{2}h = \sqrt{2} \times 0.4 = 0.566(\text{m})$

$l_{AC} = 2h = 2 \times 0.4 = 0.8(\text{m})$

则二杆的长细比分别为

$$\lambda_{AB} = \frac{\mu l_{AB}}{i} = \frac{\mu l_{AB}}{\dfrac{d}{4}} = \frac{1 \times 1 \times 0.566 \times 10^3}{20} = 113$$

$$\lambda_{AC} = \frac{\mu l_{AC}}{i} = \frac{\mu l_{AC}}{\frac{d}{4}} = \frac{4 \times 1 \times 0.8 \times 10^3}{20} = 160$$

（3）由表 7-1 查得折减系数为：

$$\varphi_{AC} = 0.272$$

$$\varphi_{AB} = 0.536 - (0.536 - 0.466) \times \frac{3}{10} = 0.515$$

（4）按照稳定条件进行验算

AB 杆：

$$\frac{F_{AB}}{A\varphi_{AB}} = \frac{16.13 \times 10^3}{\pi \left(\frac{20}{2}\right)^2 \times 0.515} = 99.7(\text{MPa}) < [\sigma] = 170(\text{MPa})$$

AC 杆：

$$\frac{F_{AC}}{A\varphi_{AC}} = \frac{13.18 \times 10^3}{\pi \left(\frac{20}{2}\right)^2 \times 0.272} = 154.3(\text{MPa}) < [\sigma] = 170(\text{MPa})$$

因此，二杆都满足稳定条件，构架稳定。

7.6　提高压杆稳定性的措施

要提高压杆的稳定性，关键在于提高压杆的临界力或临界应力。而压杆的临界力和临界应力，与压杆的长度、横截面形状及大小、支承条件以及压杆所用材料等有关。因此，可以从以下几个方面考虑：

（1）合理选择材料

欧拉公式告诉我们，大柔度杆的临界应力，与材料的弹性模量成正比。所以选择弹性模量较高的材料，就可以提高大柔度杆的临界应力，也就提高了其稳定性。但是，对于钢材而言，各种钢的弹性模量大致相同，所以，选用高强度钢并不能明显提高大柔度杆的稳定性。而中、小柔度杆的临界应力则与材料的强度有关，采用高强度钢材，可以提高这类压杆抵抗失稳的能力。

（2）选择合理的截面形状

增大截面的惯性矩，可以增大截面的惯性半径，降低压杆的柔度，从而可以提高压杆的稳定性。在压杆的横截面面积相同的条件下，应尽可能使材料远离截面形心轴，以取得较大的惯性矩，从这个角度出发，空心截面要比实心截面合理，如图 7-12 所示。在工程实际中，若压杆的截面是用两根槽钢组成的，则应采用如图 7-13 所示的布置方式，可以取得较大的惯性矩或惯性半径。

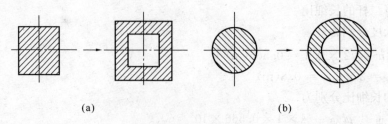

(a)   (b)

图 7-12　空心截面

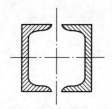

图 7-13 布置方式

另外，由于压杆总是在柔度较大（临界力较小）的纵向平面内首先失稳，所以应注意尽可能使压杆在各个纵向平面内的柔度都相同，以充分发挥压杆的稳定承载力。

（3）改善约束条件、减小压杆长度

根据欧拉公式可知，压杆的临界力与其计算长度的平方成反比，而压杆的计算长度又与其约束条件有关。因此，改善约束条件，可以减小压杆的长度系数和计算长度，从而增大临界力。在相同条件下，从表 7-2可知，自由支座最不利，铰支座次之，固定支座最有利。

表 7-2 压杆长度系数

支承情况	两端铰支	一端固定 一端铰支	两端固定	一端固定 一端自由
μ 值	1.0	0.7	0.5	2
挠曲线形状	F_{cr} l	F_{cr} $0.7l$ l	F_{cr} $\frac{l}{4}$ $\frac{l}{2}$ $\frac{l}{4}$	F_{cr} l

减小压杆长度的另一方法是在压杆的中间增加支承，把一根变为两根甚至几根。

上岗工作要点

1. 实际工作中，能够应用欧拉公式进行计算。

2. 了解 φ 系数法的应用条件，能够依据 φ 系数法进行压杆的稳定计算。

思 考 题

7-1 压杆的稳定平衡和不稳定平衡应怎样确定？

7-2 欧拉公式的适用条件是什么？

7-3 提高压杆稳定性的措施有哪些？

习 题

7-1 如图 7-14 所示压杆横截面为矩形，$h=80mm$，$b=40mm$，杆长 $l=2m$，材料为 HPB300 钢，$E=2.1\times10^5\,MPa$，支端约束如图所示。在正视图（a）的平面内为两端铰支；在俯视图（b）的平面内为两端弹性固定，采用 $\mu=0.8$，试求此杆的临界力。

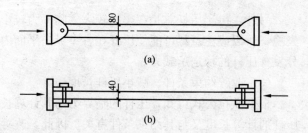

(a)

(b)

图 7-14　习题 7-1 图

7-2　一圆柱截面木柱，柱高 6m，直径 $d=200$mm，两端铰支，承受轴向压力 $F=$ 50kN，木材的许用应力 $[\sigma]=10$MPa。试校核木柱的稳定性。

附录 型钢规格表

表 1 等边角钢截面尺寸、截面面积、理论质量及截面特性

型号	截面尺寸 (mm)			截面面积 (cm²)	理论质量 (kg/m)	外表面积 (m²/m)	惯性矩 (cm⁴)				惯性半径 (cm)			截面模数 (cm³)			重心距离 (cm)
	b	d	r				I_x	I_{x1}	I_{x0}	I_{y0}	i_x	i_{x0}	i_{y0}	W_x	W_{x0}	W_{y0}	Z_0
2	20	3	3.5	1.132	0.889	0.078	0.40	0.81	0.63	0.17	0.59	0.75	0.39	0.29	0.45	0.20	0.60
	20	4	3.5	1.459	1.145	0.077	0.50	1.09	0.78	0.22	0.58	0.73	0.38	0.36	0.55	0.24	0.64
2.5	25	3	3.5	1.432	1.124	0.098	0.82	1.57	1.29	0.34	0.76	0.95	0.49	0.46	0.73	0.33	0.73
	25	4	3.5	1.859	1.459	0.097	1.03	2.11	1.62	0.43	0.74	0.93	0.48	0.59	0.92	0.40	0.76
3.0	30	3	4.5	1.749	1.373	0.117	1.46	2.71	2.31	0.61	0.91	1.15	0.59	0.68	1.09	0.51	0.85
	30	4	4.5	2.276	1.786	0.117	1.84	3.63	2.92	0.77	0.90	1.13	0.58	0.87	1.37	0.62	0.89
3.6	36	3	4.5	2.109	1.656	0.141	2.58	4.68	4.09	1.07	1.11	1.39	0.71	0.99	1.61	0.76	1.00
	36	4	4.5	2.756	2.163	0.141	3.29	6.25	5.22	1.37	1.09	1.38	0.70	1.28	2.05	0.93	1.04
	36	5	4.5	3.382	2.654	0.141	3.95	7.84	6.24	1.65	1.08	1.36	0.70	1.56	2.45	1.00	1.07
4	40	3	5	2.359	1.852	0.157	3.59	6.41	5.69	1.49	1.23	1.55	0.79	1.23	2.01	0.96	1.09
	40	4	5	3.086	2.422	0.157	4.60	8.56	7.29	1.91	1.22	1.54	0.79	1.60	2.58	1.19	1.13
	40	5	5	3.791	2.976	0.156	5.53	10.74	8.76	2.30	1.21	1.52	0.78	1.96	3.10	1.39	1.17
4.5	45	3	5	2.659	2.088	0.177	5.17	9.12	8.20	2.14	1.40	1.76	0.89	1.58	2.58	1.24	1.22
	45	4	5	3.486	2.736	0.177	6.65	12.18	10.56	2.75	1.38	1.74	0.89	2.05	3.32	1.54	1.26
	45	5	5	4.292	3.369	0.176	8.04	15.2	12.74	3.33	1.37	1.72	0.88	2.51	4.00	1.81	1.30
	45	6	5	5.076	3.985	0.176	9.33	18.36	14.76	3.89	1.36	1.70	0.8	2.95	4.64	2.06	1.33

续表

型号	截面尺寸 (mm)			截面面积 (cm²)	理论质量 (kg/m)	外表面积 (m²/m)	惯性矩 (cm⁴)				惯性半径 (cm)			截面模数 (cm³)			重心距离 (cm)
	b	d	r				I_x	I_{x1}	I_{x0}	I_{y0}	i_x	i_{x0}	i_{y0}	W_x	W_{x0}	W_{y0}	Z_0
5	50	3	5.5	2.971	2.332	0.197	7.18	12.5	11.37	2.98	1.55	1.96	1.00	1.96	3.22	1.57	1.34
		4		3.897	3.059	0.197	9.26	16.69	14.70	3.82	1.54	1.94	0.99	2.56	4.16	1.96	1.38
		5		4.803	3.770	0.196	11.21	20.90	17.79	4.64	1.53	1.92	0.98	3.13	5.03	2.31	1.42
		6		5.688	4.465	0.196	13.05	25.14	20.68	5.42	1.52	1.91	0.98	3.68	5.85	2.63	1.46
5.6	56	3	6	3.343	2.624	0.221	10.19	17.56	16.14	4.24	1.75	2.20	1.13	2.48	4.08	2.02	1.48
		4		4.390	3.446	0.220	13.18	23.43	20.92	5.46	1.73	2.18	1.11	3.24	5.28	2.52	1.53
		5		5.415	4.251	0.220	16.02	29.33	25.42	6.61	1.72	2.17	1.10	3.97	6.42	2.98	1.57
		6		6.420	5.040	0.220	18.69	35.26	29.66	7.73	1.71	2.15	1.10	4.68	7.49	3.40	1.61
		7		7.404	5.812	0.219	21.23	41.23	33.63	8.82	1.69	2.13	1.09	5.35	8.49	3.80	1.64
		8		8.367	6.568	0.219	23.63	47.24	37.37	9.89	1.68	2.11	1.09	6.03	9.44	4.16	1.68
6	60	5	6.5	5.829	4.576	0.236	19.89	36.05	31.57	8.21	1.85	2.33	1.19	4.59	7.44	3.48	1.67
		6		6.914	5.427	0.235	23.25	43.33	36.89	9.60	1.83	2.31	1.18	5.41	8.70	3.98	1.70
		7		7.977	6.262	0.235	26.44	50.65	41.92	10.96	1.82	2.29	1.17	6.21	9.88	4.45	1.74
		8		9.020	7.081	0.235	29.47	58.02	46.66	12.28	1.81	2.27	1.17	6.98	11.00	4.88	1.78
6.3	63	4	7	4.978	3.907	0.248	19.03	33.35	30.17	7.89	1.96	2.46	1.26	4.13	6.78	3.29	1.70
		5		6.143	4.822	0.248	23.17	41.73	36.77	9.57	1.94	2.45	1.25	5.08	8.25	3.90	1.74
		6		7.288	5.721	0.247	27.12	50.14	43.03	11.20	1.93	2.43	1.24	6.00	9.66	4.46	1.78
		7		8.412	6.603	0.247	30.87	58.60	48.96	12.79	1.92	2.41	1.23	6.88	10.99	4.98	1.82
		8		9.515	7.469	0.247	34.46	67.11	54.56	14.33	1.90	2.40	1.23	7.75	12.25	5.47	1.85
		10		11.657	9.151	0.246	41.09	84.31	64.85	17.33	1.88	2.36	1.22	9.39	14.56	6.36	1.93
7	70	4	8	5.570	4.372	0.275	26.39	45.74	41.80	10.99	2.18	2.74	1.40	5.14	8.44	4.17	1.86
		5		6.875	5.397	0.275	32.21	57.21	51.08	13.31	2.16	2.73	1.39	6.32	10.32	4.95	1.91
		6		8.160	6.406	0.275	37.77	68.73	59.93	15.61	2.15	2.71	1.38	7.48	12.11	5.67	1.95
		7		9.424	7.398	0.275	43.09	80.29	68.35	17.82	2.14	2.69	1.38	8.59	13.81	6.34	1.99
		8		10.667	8.373	0.274	48.17	91.92	76.37	19.98	2.12	2.68	1.37	9.68	15.43	6.98	2.03

续表

型号	截面尺寸 (mm)			截面面积 (cm²)	理论质量 (kg/m)	外表面积 (m²/m)	惯性矩 (cm⁴)				惯性半径 (cm)			截面模数 (cm³)			重心距离 (cm)
	b	d	r				I_x	I_{x1}	I_{x0}	I_{y0}	i_x	i_{x0}	i_{y0}	W_x	W_{x0}	W_{y0}	Z_0
7.5	75	5	9	7.412	5.818	0.295	39.97	70.56	63.30	16.63	2.33	2.92	1.50	7.32	11.94	5.77	2.04
		6		8.797	6.905	0.294	46.95	84.55	74.38	19.51	2.31	2.90	1.49	8.64	14.02	6.67	2.07
		7		10.160	7.976	0.294	53.57	98.71	84.96	22.18	2.30	2.89	1.48	9.93	16.02	7.44	2.11
		8		11.503	9.030	0.294	59.96	112.97	95.07	24.86	2.28	2.88	1.47	11.20	17.93	8.19	2.15
		9		12.825	10.068	0.294	66.10	127.30	104.71	27.48	2.27	2.86	1.46	12.43	19.75	8.89	2.18
		10		14.126	11.089	0.293	71.98	141.71	113.92	30.05	2.26	2.84	1.46	13.64	21.48	9.56	2.22
8	80	5	10	7.912	6.211	0.315	48.79	85.36	77.33	20.25	2.48	3.13	1.60	8.34	13.67	6.66	2.15
		6		9.397	7.376	0.314	57.35	102.50	90.98	23.72	2.47	3.11	1.59	9.87	16.08	7.65	2.19
		7		10.860	8.525	0.314	65.58	119.70	104.07	27.09	2.46	3.10	1.58	11.37	18.40	8.58	2.23
		8		12.303	9.658	0.314	73.49	136.97	116.60	30.39	2.44	3.08	1.57	12.83	20.61	9.46	2.27
		9		13.725	10.774	0.314	81.11	154.31	128.60	33.61	2.43	3.06	1.56	14.25	22.73	10.29	2.31
		10		15.126	11.874	0.313	88.43	171.74	140.09	36.77	2.42	3.04	1.56	15.64	24.76	11.08	2.35
9	90	6	10	10.637	8.350	0.354	82.77	145.87	131.26	34.28	2.79	3.51	1.80	12.61	20.63	9.95	2.44
		7		12.301	9.656	0.354	94.83	170.30	150.47	39.18	2.78	3.50	1.78	14.54	23.64	11.19	2.48
		8		13.944	10.946	0.353	106.47	194.80	168.97	43.97	2.76	3.48	1.78	16.42	26.55	12.35	2.52
		9		15.566	12.219	0.353	117.72	219.39	186.77	48.66	2.75	3.46	1.77	18.27	29.35	13.46	2.56
		10		17.167	13.476	0.353	128.58	244.07	203.90	53.26	2.74	3.45	1.76	20.07	32.04	14.52	2.59
		12		20.306	15.940	0.352	149.22	293.76	236.21	62.22	2.71	3.41	1.75	23.57	37.12	16.49	2.67
10	100	6	12	11.932	9.366	0.393	114.95	200.07	181.98	47.92	3.10	3.90	2.00	15.68	25.74	12.69	2.67
		7		13.796	10.830	0.393	131.86	233.54	208.97	54.74	3.09	3.89	1.99	18.10	29.55	14.26	2.71
		8		15.638	12.276	0.393	148.24	267.09	235.07	61.41	3.08	3.88	1.98	20.47	33.24	15.75	2.76
		9		17.462	13.708	0.392	164.12	300.73	260.30	67.95	3.07	3.86	1.97	22.79	36.81	17.18	2.80
		10		19.261	15.120	0.392	179.51	334.48	284.68	74.35	3.05	3.84	1.96	25.06	40.26	18.54	2.84
		12		22.800	17.898	0.391	208.90	402.34	330.95	86.84	3.03	3.81	1.95	29.48	46.80	21.08	2.91
		14		26.256	20.611	0.391	236.53	470.75	374.06	99.00	3.00	3.77	1.94	33.73	52.90	23.44	2.99
		16		29.627	23.257	0.390	262.53	539.80	414.16	110.89	2.98	3.74	1.94	37.82	58.57	25.63	3.06

续表

型号	截面尺寸 (mm)			截面面积 (cm²)	理论质量 (kg/m)	外表面积 (m²/m)	惯性矩 (cm⁴)				惯性半径 (cm)			截面模数 (cm³)			重心距离 (cm)
	b	d	r				I_x	I_{x1}	I_{x0}	I_{y0}	i_x	i_{x0}	i_{y0}	W_x	W_{x0}	W_{y0}	Z_0
11	110	7	12	15.196	11.928	0.433	177.16	310.64	280.94	73.38	3.41	4.30	2.20	22.05	36.12	17.51	2.96
		8		17.238	13.535	0.433	199.46	355.20	316.49	82.42	3.40	4.28	2.19	24.95	40.69	19.39	3.01
		10		21.261	16.690	0.432	242.19	444.65	384.39	99.98	3.38	4.25	2.17	30.60	49.42	22.91	3.09
		12		25.200	19.782	0.431	282.55	534.60	448.17	116.93	3.35	4.22	2.15	36.05	57.62	26.15	3.16
		14		29.056	22.809	0.431	320.71	625.16	508.01	133.40	3.32	4.18	2.14	41.31	65.31	29.14	3.24
12.5	125	8	14	19.750	15.504	0.492	297.03	521.01	470.89	123.16	3.88	4.88	2.50	32.52	53.28	25.86	3.37
		10		24.373	19.133	0.491	361.67	651.93	573.89	149.46	3.85	4.85	2.48	39.97	64.93	30.62	3.45
		12		28.912	22.696	0.491	423.16	783.42	671.44	174.88	3.83	4.82	2.46	41.17	75.96	35.03	3.53
		14		33.367	26.193	0.490	481.65	915.61	763.73	199.57	3.80	4.78	2.45	54.16	86.41	39.13	3.61
		16		37.739	29.625	0.489	537.31	1048.62	850.98	223.65	3.77	4.75	2.43	60.93	96.28	42.96	3.68
14	140	10	14	27.373	21.488	0.551	514.65	915.11	817.27	212.04	4.34	5.46	2.78	50.58	82.56	39.20	3.82
		12		32.512	25.522	0.551	603.68	1099.28	958.79	248.57	4.31	5.43	2.76	59.80	96.85	45.02	3.90
		14		37.567	29.490	0.550	688.81	1284.22	1093.56	284.06	4.28	5.40	2.75	68.75	110.47	50.45	3.98
		16		42.539	33.393	0.549	770.24	1470.07	1221.81	318.67	4.26	5.36	2.74	77.46	123.42	55.55	4.06
15	150	8	14	23.750	18.644	0.592	521.37	899.55	827.49	215.25	4.69	5.90	3.01	47.36	78.02	38.14	3.99
		10		29.373	23.058	0.591	637.50	1125.09	1012.79	262.21	4.66	5.87	2.99	58.35	95.49	45.51	4.08
		12		34.912	27.406	0.591	748.85	1351.26	1189.97	307.73	4.63	5.84	2.97	69.04	1121.19	52.38	4.15
		14		40.367	31.688	0.590	855.64	1578.25	1359.30	351.98	4.60	5.80	2.95	79.45	128.16	58.83	4.23
		15		43.063	33.804	0.590	907.39	1692.10	1441.09	373.69	4.59	5.78	2.95	84.56	135.87	61.90	4.27
		16		45.739	35.905	0.589	958.08	1806.21	1521.02	395.14	4.58	5.77	2.94	89.59	143.40	64.89	4.31

170

续表

型号	截面尺寸 (mm)			截面面积 (cm²)	理论质量 (kg/m)	外表面积 (m²/m)	惯性矩 (cm⁴)				惯性半径 (cm)			截面模数 (cm³)			重心距离 (cm)
	b	d	r				I_x	I_{x1}	I_{x0}	I_{y0}	i_x	i_{x0}	i_{y0}	W_x	W_{x0}	W_{y0}	Z_0
16	160	10	16	31.502	24.729	0.630	779.53	1365.33	1237.30	321.76	4.98	6.27	3.20	66.70	109.36	52.76	4.31
		12		37.441	29.391	0.630	916.58	1639.57	1455.68	377.49	4.95	6.24	3.18	78.98	128.67	60.74	4.39
		14		43.296	33.987	0.629	1048.36	1914.68	1665.02	431.70	4.92	6.20	3.16	90.95	147.17	68.24	4.47
		16		49.067	38.518	0.629	1175.08	2190.82	1865.57	484.59	4.89	6.17	3.14	102.63	164.89	75.31	4.55
18	180	12	16	42.241	33.159	0.710	1321.35	2332.80	2100.10	542.61	5.59	7.05	3.58	100.82	165.00	78.41	4.89
		14		48.896	38.383	0.709	1514.48	2723.48	2407.42	621.53	5.56	7.02	3.56	116.25	189.14	88.38	4.97
		16		55.467	43.542	0.709	1700.99	3115.29	2703.37	698.60	5.54	6.98	3.55	131.13	212.40	97.83	5.05
		18		61.055	48.634	0.708	1875.12	3502.43	2988.24	762.01	5.50	6.94	3.51	145.64	234.78	105.14	5.13
20	200	14	18	54.642	42.894	0.788	2103.55	3734.10	3343.26	863.83	6.20	7.82	3.98	144.70	236.40	111.82	5.46
		16		62.013	48.680	0.788	2366.15	4270.39	3760.89	971.41	6.18	7.79	3.96	163.65	265.93	123.96	5.54
		18		69.301	54.401	0.787	2620.64	4808.13	4164.54	1076.74	6.15	7.75	3.94	182.22	294.48	135.52	5.62
		20		76.505	60.056	0.787	2867.30	5347.51	4554.55	1180.04	6.12	7.72	3.93	200.42	322.06	146.55	5.69
		24		90.661	71.168	0.785	3338.25	6457.16	5294.97	1381.53	6.07	7.64	3.90	236.17	374.41	166.65	5.87
22	220	16	21	68.664	53.901	0.866	3187.36	5681.62	5063.73	1310.99	6.81	8.59	4.37	199.55	325.51	153.81	6.03
		18		76.752	60.250	0.866	3534.30	6395.93	5615.32	1453.27	6.79	8.55	4.35	222.37	360.97	168.29	6.11
		20		84.756	66.533	0.865	3871.49	7112.04	6150.08	1592.90	6.76	8.52	4.34	244.77	395.34	182.16	6.18
		22		92.676	72.751	0.865	4199.23	7830.19	6668.37	1730.10	6.73	8.48	4.32	266.78	428.66	195.45	6.26
		24		100.512	78.902	0.864	4517.83	8550.57	7170.55	1865.11	6.70	8.45	4.31	288.39	460.94	208.21	6.33
		26		108.264	84.987	0.864	4827.58	9273.39	7656.98	1998.17	6.68	8.41	4.30	309.62	492.21	220.49	6.41

171

续表

型号	截面尺寸 (mm)			截面面积 (cm²)	理论质量 (kg/m)	外表面积 (m²/m)	惯性矩 (cm⁴)				惯性半径 (cm)			截面模数 (cm³)			重心距离 (cm)
	b	d	r				I_x	I_{x1}	I_{x0}	I_{y0}	i_x	i_{x0}	i_{y0}	W_x	W_{x0}	W_{y0}	Z_0
25	250	18	24	87.842	68.956	0.985	5268.22	9379.11	8369.04	2167.41	7.74	9.76	4.97	290.12	473.42	224.03	6.84
		20		97.045	76.180	0.984	5779.34	10426.97	9181.94	2376.74	7.72	9.73	4.95	319.66	519.41	242.85	6.92
		24		115.201	90.433	0.983	6763.93	12529.74	10742.67	2785.19	7.66	9.66	4.92	377.34	607.70	278.38	7.07
		26		124.154	97.461	0.982	7238.08	13585.18	11491.33	2984.84	7.63	9.62	4.90	405.50	650.05	295.19	7.15
		28		133.022	104.422	0.982	7700.60	14643.62	12219.39	3181.81	7.61	9.58	4.89	433.22	691.23	311.42	7.22
		30		141.807	111.318	0.981	8151.80	15705.30	12927.26	3376.34	7.58	9.55	4.88	460.51	731.28	327.12	7.30
		32		150.508	118.149	0.981	8592.01	16770.41	13615.32	3568.71	7.56	9.51	4.87	487.39	770.20	342.33	7.37
		35		163.402	128.271	0.980	9232.44	18374.95	14611.16	3853.72	7.52	9.46	4.86	526.97	826.53	364.30	7.48

注：图 1 中的 $r_1=1/3d$ 及表中 r 的数据用于孔型设计，不做交货条件。

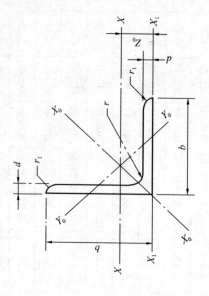

图 1　等边角钢截面图

b—边宽度；d—边厚度；r—内圆弧半径；
r_1—边端圆弧半径；Z_0—重心距离

172

表 2 不等边角钢截面尺寸、截面面积、理论质量及截面特性

型号	B	b	d	r	截面面积 (cm²)	理论质量 (kg/m)	外表面积 (m²/m)	I_x	I_{x1}	I_y	I_{y1}	I_u	i_x	i_y	i_u	W_x	W_y	W_u	$\tan\alpha$	X_0	Y_0
								惯性矩 (cm⁴)					惯性半径 (cm)			截面模数 (cm³)				重心距离 (cm)	
2.5/1.6	25	16	3	3.5	1.162	0.912	0.080	0.70	1.56	0.22	0.43	0.14	0.78	0.44	0.34	0.43	0.19	0.16	0.392	0.42	0.86
			4		1.499	1.176	0.079	0.88	2.09	0.27	0.59	0.17	0.77	0.43	0.34	0.55	0.24	0.20	0.381	0.46	1.86
3.2/2	32	20	3	3.5	1.492	1.171	0.102	1.53	3.27	0.46	0.82	0.28	1.01	0.55	0.43	0.72	0.30	0.25	0.382	0.49	0.90
			4		1.939	1.522	0.101	1.93	4.37	0.57	1.12	0.35	1.00	0.54	0.42	0.93	0.39	0.32	0.374	0.53	1.08
4/2.5	40	25	3	4	1.890	1.484	0.127	3.08	5.39	0.93	1.59	0.56	1.28	0.70	0.54	1.15	0.49	0.40	0.385	0.59	1.12
			4		2.467	1.936	0.127	3.93	8.53	1.18	2.14	0.71	1.36	0.69	0.54	1.49	0.63	0.52	0.381	0.63	1.32
4.5/2.8	45	28	3	5	2.149	1.687	0.143	4.45	9.10	1.34	2.23	0.80	1.44	0.79	0.61	1.47	0.62	0.51	0.383	0.64	1.37
			4		2.806	2.203	0.143	5.69	12.13	1.70	3.00	1.02	1.42	0.78	0.60	1.91	0.80	0.66	0.380	0.68	1.47
5/3.2	50	32	3	5.5	2.431	1.908	0.161	6.24	12.49	2.02	3.31	1.20	1.60	0.91	0.70	1.84	0.82	0.68	0.404	0.73	1.51
			4		3.177	2.494	0.160	8.02	16.65	2.58	4.45	1.53	1.59	0.90	0.69	2.39	1.06	0.87	0.402	0.77	1.60
5.6/3.6	56	36	3	6	2.743	2.153	0.181	8.88	17.54	2.92	4.70	1.73	1.80	1.03	0.79	2.32	1.05	0.87	0.408	0.80	1.65
			4		3.590	2.818	0.180	11.45	23.39	3.76	6.33	2.23	1.79	1.02	0.79	3.03	1.37	1.13	0.408	0.85	1.78
			5		4.415	3.466	0.180	13.86	29.25	4.49	7.94	2.67	1.77	1.01	0.78	3.71	1.65	1.36	0.404	0.88	1.82
6.3/4	63	40	4	7	4.058	3.185	0.202	16.49	33.30	5.23	8.63	3.12	2.02	1.14	0.88	3.87	1.70	1.40	0.398	0.92	1.87
			5		4.993	3.920	0.202	20.02	41.63	6.31	10.86	3.76	2.00	1.12	0.87	4.74	2.07	1.71	0.396	0.95	2.04
			6		5.908	4.638	0.201	23.36	49.98	7.29	13.12	4.34	1.96	1.11	0.86	5.59	2.43	1.99	0.393	0.99	2.08
			7		6.802	5.339	0.201	26.53	58.07	8.24	15.47	4.97	1.98	1.10	0.86	6.40	2.78	2.29	0.389	1.03	2.12
7/4.5	70	45	4	7.5	4.547	3.570	0.226	23.17	45.92	7.55	12.26	4.40	2.26	1.29	0.98	4.86	2.17	1.77	0.410	1.02	2.15
			5		5.609	4.403	0.225	27.95	57.10	9.13	15.39	5.40	2.23	1.28	0.98	5.92	2.65	2.19	0.407	1.06	2.24
			6		6.647	5.218	0.225	32.54	68.35	10.62	18.58	6.35	2.21	1.26	0.98	6.95	3.12	2.59	0.404	1.09	2.28
			7		7.657	6.011	0.225	37.22	79.99	12.01	21.84	7.16	2.20	1.25	0.97	8.03	3.57	2.94	0.402	1.13	2.32
7.5/5	75	50	5	8	6.125	4.808	0.245	34.86	70.00	12.61	21.04	7.41	2.39	1.44	1.10	6.83	3.30	2.74	0.435	1.17	2.36
			6		7.260	5.699	0.245	41.12	84.30	14.70	25.37	8.54	2.38	1.42	1.08	8.12	3.88	3.19	0.435	1.21	2.40
			8		9.467	7.431	0.244	52.39	112.50	18.53	34.23	10.87	2.35	1.40	1.07	10.52	4.99	4.10	0.429	1.29	2.44
			10		11.590	9.098	0.244	62.71	140.80	21.96	43.43	13.10	2.33	1.38	1.06	12.79	6.04	4.99	0.423	1.36	2.52

续表

型号	截面尺寸 (mm)				截面面积 (cm²)	理论质量 (kg/m)	外表面积 (m²/m)	惯性矩 (cm⁴)					惯性半径 (cm)			截面模数 (cm³)			tanα	重心距离 (cm)	
	B	b	d	r				I_x	I_{x1}	I_y	I_{y1}	I_u	i_x	i_y	i_u	W_x	W_y	W_u		X_0	Y_0
8/5	80	50	5	8	6.375	5.005	0.255	41.96	85.21	12.82	21.06	7.66	2.56	1.42	1.10	7.78	3.32	2.74	0.388	1.14	2.60
			6		7.560	5.935	0.255	49.49	102.53	14.95	25.41	8.85	2.56	1.41	1.08	9.25	3.91	3.20	0.387	1.18	2.65
			7		8.724	6.848	0.255	56.16	119.33	46.96	29.82	10.18	2.54	1.39	1.08	10.58	4.48	3.70	0.384	1.21	2.69
			8		9.867	7.745	0.254	62.83	136.41	18.85	34.32	11.38	2.52	1.38	1.07	11.92	5.03	4.16	0.381	1.25	2.73
9/5.6	90	56	5	9	7.212	5.661	0.287	60.45	121.32	18.32	29.53	10.98	2.90	1.59	1.23	9.92	4.21	3.49	0.385	1.25	2.91
			6		8.557	6.717	0.286	71.03	145.59	21.42	35.58	12.90	2.88	1.58	1.23	11.74	4.96	4.13	0.384	1.29	2.95
			7		9.880	7.756	0.286	81.01	169.60	24.36	41.71	14.67	2.86	1.57	1.22	13.49	5.70	4.72	0.382	1.33	3.00
			8		11.183	8.779	0.286	91.03	194.17	27.15	47.93	16.34	2.85	1.56	1.21	15.27	6.41	5.29	0.380	1.36	3.04
10/6.3	100	63	6	10	9.617	7.550	0.320	99.06	199.71	30.94	50.50	18.42	3.21	1.79	1.38	14.64	6.35	5.25	0.394	1.43	3.24
			7		11.111	8.722	0.320	113.45	233.00	35.26	59.14	21.00	3.20	1.78	1.38	16.88	7.29	6.02	0.394	1.47	3.28
			8		12.534	9.878	0.319	127.37	266.32	39.39	67.88	23.50	3.18	1.77	1.37	19.08	8.21	6.78	0.391	1.50	3.32
			10		15.467	12.142	0.319	153.81	333.06	47.12	85.73	28.33	3.15	1.74	1.35	23.32	9.98	8.24	0.387	1.58	3.40
10/8	100	80	6	10	10.637	8.350	0.354	107.04	199.83	61.24	102.68	31.65	3.17	2.40	1.72	15.19	10.16	8.37	0.627	1.97	2.95
			7		12.301	9.656	0.354	122.73	233.20	70.08	119.98	36.17	3.16	2.39	1.72	17.52	11.71	9.60	0.626	2.01	3.0
			8		13.944	10.946	0.353	137.92	266.61	78.58	137.37	40.58	3.14	2.37	1.71	19.81	13.21	10.80	0.625	2.05	3.04
			10		17.167	13.476	0.353	166.87	333.63	94.65	172.48	49.10	3.12	2.35	1.69	24.24	16.12	13.12	0.622	2.13	3.12
11/7	110	70	6	10	10.637	8.350	0.354	133.37	265.78	42.92	69.08	25.36	3.54	2.01	1.54	17.85	7.90	6.53	0.403	1.57	3.53
			7		12.301	9.656	0.354	153.00	310.07	49.01	80.82	28.95	3.53	2.00	1.53	20.60	9.09	7.50	0.402	1.61	3.57
			8		13.944	10.946	0.353	172.04	354.39	54.87	92.70	32.45	3.51	1.98	1.53	23.30	10.25	8.45	0.401	1.65	3.62
			10		17.167	13.476	0.353	208.39	443.13	65.88	116.83	39.20	3.48	1.96	1.51	28.54	12.48	10.29	0.397	1.72	3.70
12.5/8	125	80	7	11	14.096	11.066	0.403	227.98	454.99	74.42	120.32	43.81	4.02	2.30	1.76	26.86	12.01	9.92	0.408	1.80	4.01
			8		15.989	12.551	0.403	256.77	519.99	83.49	137.85	49.15	4.01	2.28	1.75	30.41	13.56	11.18	0.407	1.84	4.06
			10		19.712	15.474	0.402	312.04	650.09	100.67	173.40	59.45	3.98	2.26	1.74	37.33	16.56	13.64	0.404	1.92	4.14
			12		23.351	18.330	0.402	364.41	780.39	116.67	209.67	69.35	3.95	2.24	1.72	44.01	19.43	16.01	0.400	2.00	4.22

续表

型号	截面尺寸 (mm)				截面面积 (cm²)	理论质量 (kg/m)	外表面积 (m²/m)	惯性矩 (cm⁴)					惯性半径 (cm)			截面模数 (cm³)			tanα	重心距离 (cm)	
	B	b	d	r				I_x	I_{x1}	I_y	I_{y1}	I_u	i_x	i_y	i_u	W_x	W_y	W_u		X_0	Y_0
14/9	140	90	8	12	18.038	14.160	0.453	365.64	730.53	120.69	195.79	70.83	4.50	2.59	1.98	38.48	17.34	14.31	0.411	2.04	4.50
			10		22.261	17.475	0.452	445.50	913.20	140.03	245.92	85.82	4.47	2.56	1.96	47.31	21.22	17.48	0.409	2.12	4.58
			12		26.400	20.724	0.451	521.59	1096.09	169.79	296.89	100.21	4.44	2.54	1.95	55.87	24.95	20.54	0.406	2.19	4.66
			14		30.456	23.908	0.451	594.10	1279.26	192.10	348.82	114.13	4.42	2.51	1.94	64.18	28.54	23.52	0.403	2.27	4.74
15/9	150	90	8	12	18.839	14.788	0.473	442.05	898.35	122.80	195.696	74.14	4.84	2.55	1.98	43.86	17.47	14.48	0.364	1.97	4.92
			10		23.261	18.260	0.472	539.24	1122.85	148.62	246.26	89.86	4.81	2.53	1.97	53.97	21.38	17.69	0.362	2.05	5.01
			12		27.600	21.666	0.471	632.08	1347.50	172.85	297.46	104.95	4.79	2.50	1.95	63.79	25.14	20.80	0.359	2.12	5.09
			14		31.856	25.007	0.471	720.77	1572.38	195.62	349.74	119.53	4.76	2.48	1.94	73.33	28.77	23.84	0.356	2.20	5.17
			15		33.952	26.652	0.471	763.62	1684.93	206.50	376.33	126.67	4.74	2.47	1.93	77.99	30.53	25.33	0.354	2.24	5.21
			16		36.027	28.281	0.470	805.51	1797.55	217.07	403.24	133.72	4.73	2.45	1.93	82.60	32.27	26.82	0.352	2.27	5.25
16/10	160	100	10	13	25.315	19.872	0.512	668.69	1362.89	205.03	336.59	121.74	5.14	2.85	2.19	62.13	26.56	21.92	0.390	2.28	5.24
			12		30.054	23.592	0.511	784.91	1635.56	239.06	405.94	142.33	5.11	2.82	2.17	73.49	31.28	25.79	0.388	2.36	5.32
			14		34.709	27.247	0.510	896.30	1908.50	271.20	476.42	162.23	5.08	2.80	2.16	84.56	35.83	29.56	0.385	2.43	5.40
			16		39.281	30.835	0.510	1003.04	2181.79	301.60	548.22	182.57	5.05	2.77	2.16	95.33	40.24	33.44	0.382	2.51	5.48
18/11	180	110	10	14	28.373	22.273	0.571	956.25	1940.40	278.11	447.22	166.50	5.80	3.13	2.42	78.96	32.49	26.88	0.376	2.44	5.89
			12		33.712	26.440	0.571	1124.72	2328.38	325.03	538.94	194.87	5.78	3.10	2.40	93.53	38.32	31.66	0.374	2.52	5.98
			14		38.967	30.589	0.570	1286.91	2716.60	369.55	631.95	222.30	5.75	3.08	2.39	107.76	43.97	36.32	0.372	2.59	6.06
			16		44.139	34.649	0.569	1443.06	3105.15	411.85	726.46	248.94	5.72	3.06	2.38	121.64	49.44	40.87	0.369	2.67	6.14

续表

型号	截面尺寸 (mm)				截面面积 (cm²)	理论质量 (kg/m)	外表面积 (m²/m)	惯性矩 (cm⁴)					惯性半径 (cm)			截面模数 (cm³)			tanα	重心距离 (cm)	
	B	b	d	r				I_x	I_{x1}	I_y	I_{y1}	I_u	i_x	i_y	i_u	W_x	W_y	W_u		X_0	Y_0
20/12.5	200	125	12	14	37.912	29.761	0.641	1570.90	3193.85	483.16	787.74	285.79	6.44	3.57	2.74	116.73	49.99	41.23	0.392	2.83	6.54
			14		43.687	34.436	0.640	1800.97	3726.17	550.83	922.47	326.58	6.41	3.54	2.73	134.65	57.44	47.34	0.390	2.91	6.62
			16		49.739	39.045	0.639	2023.35	4258.86	615.44	1058.86	366.21	6.38	3.52	2.71	152.18	64.89	53.32	0.388	2.99	6.70
			18		55.526	43.588	0.639	2238.30	4792.00	677.19	1197.13	404.83	6.35	3.49	2.70	169.33	71.74	59.18	0.385	3.06	6.78

注：图 2 中的 r_1＝1/3d 及表中 r 的数据用于孔型设计，不做交货条件。

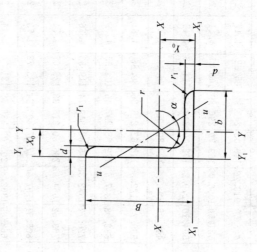

图 2 不等边角钢截面图

B—长边宽度；b—短边宽度；d—边厚度；r—内圆弧半径；
r_1—边端圆弧半径；X_0—重心距离；Y_0—重心距离

176

表3 工字钢截面尺寸、截面面积、理论质量及截面特性

型号	截面尺寸（mm）						截面面积（cm²）	理论质量（kg/m）	惯性矩（cm⁴）		惯性半径（cm）		截面模数（cm³）	
	h	b	d	t	r	r_1			I_x	I_y	i_x	i_y	W_x	W_y
10	100	68	4.5	7.6	6.5	3.3	14.345	11.261	245	33.0	4.14	1.52	49.0	9.72
12	120	74	5.0	8.4	7.0	3.5	17.818	13.987	436	46.9	4.95	1.62	72.7	12.7
12.6	126	74	5.0	8.4	7.0	3.5	18.118	14.223	488	46.9	5.20	1.61	77.5	12.7
14	140	80	5.5	9.1	7.5	3.8	21.516	16.890	712	64.4	5.76	1.73	102	16.1
16	160	88	6.0	9.9	8.0	4.0	26.131	20.513	1130	93.1	6.58	1.89	141	21.2
18	180	94	6.5	10.7	8.5	4.3	30.756	24.143	1660	122	7.36	2.00	185	26.0
20a	200	100	7.0	11.4	9.0	4.5	35.578	27.929	2370	158	8.15	2.12	237	31.5
20b	200	102	9.0	11.4	9.0	4.5	39.578	31.069	2500	169	7.96	2.06	250	33.1
22a	220	110	7.5	12.3	9.5	4.8	42.128	33.070	3400	225	8.99	2.31	309	40.9
22b	220	112	9.5	12.3	9.5	4.8	46.528	36.524	3570	239	8.78	2.27	325	42.7
24a	240	116	8.0	13.0	10.0	5.0	47.741	37.477	4570	280	9.77	2.42	381	48.4
24b	240	118	10.0	13.0	10.0	5.0	52.541	41.245	4800	297	9.57	2.38	400	50.4
25a	250	116	8.0	13.0	10.0	5.0	48.541	38.105	5020	280	10.2	2.40	402	48.3
25b	250	118	10.0	13.0	10.0	5.0	53.541	42.030	5280	309	9.94	2.40	423	52.4
27a	270	122	8.5	13.7	10.5	5.3	54.554	42.825	6550	345	10.9	2.51	485	56.6
27b	270	124	10.5	13.7	10.5	5.3	59.954	47.064	6870	366	10.7	2.47	509	58.9
28a	280	122	8.5	13.7	10.5	5.3	55.404	43.492	7110	345	11.3	2.50	508	56.6
28b	280	124	10.5	13.7	10.5	5.3	61.004	47.888	7480	379	11.1	2.49	534	61.2
30a	300	126	9.0	14.4	11.0	5.5	61.254	48.084	8950	400	12.1	2.55	597	63.5
30b	300	128	11.0	14.4	11.0	5.5	67.254	52.794	9400	422	11.8	2.50	627	65.9
30c	300	130	13.0	14.4	11.0	5.5	73.254	57.504	9850	445	11.6	2.46	657	68.5
32a	320	130	9.5	15.0	11.5	5.8	67.156	52.717	11100	460	12.8	2.62	692	70.8
32b	320	132	11.5	15.0	11.5	5.8	73.556	57.741	11600	502	12.6	2.61	726	76.0
32c	320	134	13.5	15.0	11.5	5.8	79.956	62.765	12200	544	12.3	2.61	760	81.2
36a	360	136	10.0	15.8	12.0	6.0	76.480	60.037	15800	552	14.4	2.69	875	81.2
36b	360	138	12.0	15.8	12.0	6.0	83.680	65.689	16500	582	14.1	2.64	919	84.3
36c	360	140	14.0	15.8	12.0	6.0	90.880	71.341	17300	612	13.8	2.60	962	87.4
40a	400	142	10.5	16.5	12.5	6.3	86.112	67.598	21700	660	15.9	2.77	1090	93.2
40b	400	144	12.5	16.5	12.5	6.3	94.112	73.878	22800	692	15.6	2.71	1140	96.2
40c	400	146	14.5	16.5	12.5	6.3	102.112	80.158	23900	727	15.2	2.65	1190	99.6
45a	450	150	11.5	18.0	13.5	6.8	102.446	80.420	32200	855	17.7	2.89	1430	114
45b	450	152	13.5	18.0	13.5	6.8	111.446	87.485	33800	894	17.4	2.84	1500	118
45c	450	154	15.5	18.0	13.5	6.8	120.446	94.550	35300	938	17.1	2.79	1570	122

型号	截面尺寸（mm）						截面面积（cm²）	理论质量（kg/m）	惯性矩（cm⁴）		惯性半径（cm）		截面模数（cm³）	
	h	b	d	t	r	r_1			I_x	I_y	i_x	i_y	W_x	W_y
50a		158	12.0				119.304	93.654	46500	1120	19.7	2.07	1860	142
50b	500	160	14.0	20.0	14.0	7.0	129.304	101.504	48600	1170	19.4	3.01	1940	146
50c		162	16.0				139.304	109.354	50600	1220	19.0	2.96	2080	151
55a		166	12.5				134.185	105.335	62900	1370	21.6	3.19	2290	164
55b	550	168	14.5				145.185	113.970	65600	1420	21.2	3.14	2390	170
55c		170	16.5	21.0	14.5	7.3	156.185	122.605	68400	1480	20.9	3.08	2490	175
56a		166	12.5				135.435	106.316	65600	1370	22.0	3.18	2340	165
56b	560	168	14.5				146.635	115.108	68500	1490	21.6	3.16	2450	174
56c		170	16.5				157.835	123.900	71400	1560	21.3	3.16	2550	183
63a		176	13.0				154.658	121.407	93900	1700	24.5	3.31	2980	193
63b	630	178	15.0	22.0	15.0	7.5	167.258	131.298	98100	1810	24.2	3.29	3160	204
63c		180	17.0				179.858	141.189	102000	1920	23.8	3.27	3300	214

注：表中 r、r_1 的数据用于孔型设计，不做交货条件。

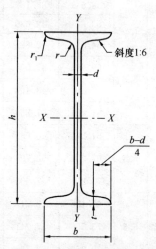

图 3　工字钢截面图

h—高度；b—腿宽度；d—腰厚度；t—平均腿厚度；

r—内圆弧半径；r_1—腿端圆弧半径

参 考 文 献

[1] 董卫华. 理论力学 [M]. 武汉：武汉理工大学出版社，2002.

[2] 武建华. 材料力学 [M]. 重庆：重庆大学出版社，2002.

[3] 张曦. 建筑力学 [M]. 北京：中国建筑工业出版社，2002.

[4] 张良成. 工程力学与建筑结构 [M]. 北京：科学出版社，2002.

[5] 潘立本. 建筑力学 [M]. 上海：上海交通大学出版社，2002.

[6] 孔七一. 工程力学 [M]. 北京：人民交通出版社，2002.

[7] 包世华. 结构力学（上、下册）（第二版）[M]. 武汉：武汉工业大学出版社，2003.

[8] 薛正庭. 土木工程力学 [M]. 北京：机械工业出版社，2003.

[9] 刘燕. 工程力学 [M]. 北京：中国建筑工业出版社，2003.

[10] 朱慈勉. 结构力学（上、下册）[M]. 北京：高等教育出版社，2004.

[11] 江菁. 工程力学 [M]. 北京：化学工业出版社，2004.

[12] 李前程，安学敏，赵彤. 建筑力学 [M]. 北京：高等教育出版社，2004.

[13] 沈养中. 结构力学（第二版）[M]. 北京：科学出版社，2005.